JOHANNA SPAHR | ALEXANDER SCHILLACK

HUNDE ERZIEHEN *ohne* SCHIMPFEN

Alltagsstrategien
für eine
typgerechte
Erziehung

INNERE RUHE – NEUE WEGE

Wirft man einen Blick in den Duden, um dort das Wort »schimpfen« nachzuschlagen, so stößt man auf folgende Definition: »seinem Unwillen, Ärger mit heftigen Worten [unbeherrscht] Ausdruck geben«.

Welcher Hundehaltende hat nicht schon einmal im Alltag mit seinem Vierbeiner Unmut oder Ärger empfunden? Mit großer Wahrscheinlichkeit hat jeder auch schon einmal sein Tier unkontrolliert geschimpft – weil es wie verrückt an der Leine zog oder ohrenbetäubend an der Tür bellte, als es klingelte. Zu schimpfen und zu motzen, so scheint es, sind vermutlich die Reaktionen, die den allermeisten Menschen zuerst in den Sinn kommen, wenn ihre Hunde Dinge tun, die sie als problematisch empfinden.

Schimpfen ist nicht nachhaltig!

Doch warum löst all das Schimpfen und Meckern in den wenigsten Fällen ein Problem wirklich nachhaltig? Und warum ist es in den meisten Fällen sogar unfair den Hunden gegenüber? Wir haben in unserem Berufsalltag als Hundecoach nicht selten Vierbeiner vorgestellt bekommen, die auf so unterschiedliche Art und Weise von ihren Halter:innen korrigiert und gerüffelt wurden, dass sie kaum mehr auf irgendeine Art von Begrenzung reagiert haben. Man könnte meinen, diese Tiere seien im Lauf der Zeit regelrecht abgestumpft und resistent gegen jegliche Form der Zurechtweisung geworden.

In der Tat passiert das leider nicht mal selten. Daraus resultieren in den meisten Fällen dann nicht nur abgestumpfte Hunde, sondern vor allem auch frustrierte und verzweifelte Hundehaltende, die demotiviert und geplagt von Schuld und Scham den Weg zu uns ins Hundetraining finden.

Doch wie bekommt man sich in den Griff? Auf den folgenden Seiten zeigen wir Alternativen auf, die dazu beitragen sollen, den eigenen Emotionen nicht unkontrolliert zum Nachteil des Hundes Luft zu verschaffen.

In diesem Buch geht es aber bei Weitem nicht nur darum, einen Hund grenzenlos zu erziehen oder jeglichen Konflikt, der im Zusammenleben mit dem Vierbeiner aufkommen kann, zu umgehen. Vielmehr sollen die folgenden Kapitel die Hundehaltenden dafür sensibilisieren, den Sinn und die Wirksamkeit des eigenen Handelns, vor allem auch in Konfliktsituationen, zu hinterfragen.

Mehr Verständnis für den eigenen Hund

Das Ziel des Buches ist es, Hundehaltenden ein besseres Verständnis für das Lernvermögen ihrer Lieblinge zu vermitteln und Hinweise für ein faires Miteinander zu geben. Neben lerntheoretischen Inhalten und allerlei Trainingstipps werfen wir immer wieder einen Blick auf die Beziehung zwischen dem Menschen und seinem Vierbeiner, die im Hundetraining nicht selten eine viel zu geringe Rolle spielt.

Dieser Ratgeber hat nicht den Anspruch, eine individuelle Beratung für das Mensch-Hund-Team zu ersetzen. Dennoch werden unsere Ausführungen helfen, unterschiedlichste Trainingsmethoden und Ansätze zu hinterfragen und besser verstehen zu können.

Wer Konflikte mit seinem Hund gänzlich vermeiden oder seinen Hund ausschließlich mit Lob und Leckerli erziehen möchte, wird in diesem Buch nicht die passenden Antworten auf seine Fragen finden. Doch wer interessiert daran ist, einen ganzheitlichen Trainingsansatz mit seinem Hund zu verfolgen, und sich seinem vierbeinigen Liebling gegenüber fair und angepasst verhalten möchte, dem dient dieser Ratgeber als wertvolles Hilfsmittel.

Johanna Spahr
Alexander Schillack

INHALT

1

»Und – wie läuft's?«

WO WIR AKTUELL STEHEN

Wie siehst du deinen Hund und sein Verhalten? Wenn wir etwas verändern wollen, hilft es, wenn wir uns erst einmal ganz genau anschauen, wie eigentlich der Stand der Dinge ist. Wenn wir genau wissen, wo wir stehen, kommen wir schneller dorthin, wo wir sein wollen. Unser Fragenkatalog unterstützt dich dabei, das herauszufinden.

TEST: WO STEHE ICH? WO WILL ICH HIN?

Bevor wir im Lauf dieses Buches Licht in den »Hundeerziehungsdschungel« bringen, plädieren wir dafür, dass du dich zunächst mit ein paar grundlegenden Gedanken beschäftigst. Auf diese Weise findest du heraus, wo du gerade stehst. Was bedeutet etwa Hundeerziehung für dich? Wie soll das Zusammenleben mit deinem Vierbeiner aussehen? Welche Verhaltensweisen wünschst du dir von ihm und wo liegen aktuell noch Schwierigkeiten vor?

Was versteht man unter Hundeerziehung?

Liest man einschlägige Definitionen von Hundeerziehung, dann stehen das menschliche Einwirken auf das Verhalten des Hundes und technische Methoden zur Erziehung im Mittelpunkt. Es geht um gewünschte und unerwünschte Verhaltensweisen des Vierbeiners und vor allem auch darum, dass wir Hundehaltenden für die Erziehung unserer Vierbeiner verantwortlich sind.

WIR GLAUBEN, DAS IST FALSCH!

Hundeerziehung ist viel mehr als das! Ein großer Faktor, der in den meisten Definitionen fehlt, ist der **MENSCH ALS FÜHLENDES WESEN**. Unsere Emotionen, die Befindlichkeiten, die wir mitbringen, und die Faktoren, durch die wir uns in unserem Handeln beeinflussen lassen, spielen eine elementare Rolle, sobald wir einen eingehenderen Blick auf das Zusammenleben von Menschen mit Hunden werfen.

Wenn wir über Hundeerziehung sprechen, wollen wir den Druck, den gesellschaftliche Erwartungen oder Social Media auf uns ausüben, nicht ausklammern. Daher frage dich bitte einmal selbst, welche Erwartungen du an deinen Hund hast und ob sie auch wirklich gerechtfertigt sind. In erster Linie geht es darum, dass du **SEIN VERHALTEN RICHTIG INTERPRETIERST**, verstehst, woher es kommt, und weißt, wie sich die (unliebsamen) Gewohnheiten deines Hundes verändern lassen. Doch betrachte dich dabei auch unbedingt selbst. Nur wenn du ehrlich zu dir bist, kannst du auch **EHRLICH ZU DEINEM HUND** sein. Auf dem Weg zum Verständnis deiner selbst sowie deines Hundes und seiner Verhaltensweisen solltest du dir zuerst ein paar grundlegende Gedanken machen, um ein Gefühl dafür zu bekommen, was Hundeerziehung für dich bedeutet.

Interessante Ergebnisse unserer Umfrage

Wir haben diese Frage an mehrere Hundert Hundehaltende gestellt, und eine große Vielzahl gab an, dass Hundeerziehung für sie vor allem die **(WEITER)BILDUNG DES MENSCHEN** bedeutet. Häufig wurde auch erwähnt, dass Hundeerziehung vor allem beinhaltet, den Vierbeiner in unserer menschengemachten Welt so anzuleiten, dass er uns **SICHER UND GEFAHRLOS IN UNSEREM ALLTAG** begleiten kann. Auch unsere eigenen Erfahrungen, die wir in der Erziehung unserer Hunde sammeln konnten, haben einen großen Einfluss auf uns und das Verhalten unseren Hunden gegenüber. Viele Hundehaltende gaben an, dass die Erziehung des eigenen Hundes einer Achterbahnfahrt gleiche. Die Erfahrungen, die sie sammeln konnten, scheinen aber sehr unterschiedlicher Natur zu sein. Während viele angaben, häufig überfordert gewesen und an ihre Grenzen gestoßen zu sein, sah eine andere Gruppe der Befragten Hundeerziehung als einen **BEREICHERNDEN PROZESS DER EIGENEN WEITERENTWICKLUNG**.

In einem Punkt waren sich die Befragten einig. Vor allem **KONSEQUENZ** und **DURCHHALTEVERMÖGEN** scheinen von großer Bedeutung für den durchschlagenden Erfolg in der Hundeerziehung zu sein. Doch was bedeutet es, **KONSEQUENT** zu sein? Dieser Frage werden wir im Lauf des Buches auf den Grund gehen, und damit lässt sich auch ein Bogen zu einer weiteren Erfahrung schlagen, von der uns bezüglich der Erziehung von Hunden berichtet wurde: **MAN BENÖTIGT VIEL GEDULD**!

Aus Fehlern lernen

Nicht selten spielen die **GEDANKEN UND AUSSAGEN ANDERER** eine große Rolle, wenn es darum geht, sich und den eigenen Hund zu bewerten. Doch was sagen diejenigen, die uns nahestehen, wirklich? Oft erleben wir in unseren Beratungen, dass sich Menschen ausschließlich mit jenen Dingen auseinandersetzen und diese infrage stellen, die fremde Personen über sie und ihre Hunde äußern. Manchmal machen sie sich sogar Gedanken darüber, was andere über sie denken, ohne überhaupt zu wissen, was genau das wirklich sein könnte.

Die Befragung von Hundehaltenden ergab, dass ihr Umfeld sie als deutlich »strenger« wahrnimmt, als sie selbst sich sehen. Außerdem scheinen die eigenen Probleme, die Menschen mit ihren Hunden als solche wahrnehmen, von Außenstehenden als deutlich weniger gewichtig eingeordnet zu werden als von den Hundehaltenden selbst. Vor allem **ZU HOHE ERWARTUNGEN AN SICH UND DEN HUND** sorgen bei den Befragten zu selbstsabotierenden Gedanken. Nicht zu vergessen ist der Druck, den man sich selbst macht, wenn es darum geht, in der Gesellschaft mit Hund nicht negativ auffallen zu wollen.

Des Weiteren gaben viele Hundehaltende an, **ANGST VOR FEHLERN** in der Hundeerziehung zu haben. Besonders der Wunsch nach Fairness würde zu Druck und teilweise Unsicherheit beim eigenen Handeln führen. Doch ist es nicht auch so, dass Fehler uns helfen, an uns zu arbeiten? Zeigen sie uns nicht sogar, wo Bedarf besteht, etwas dazuzulernen? Ein fehlerfreies Leben klingt auf den ersten Blick vermutlich verlockend, bedeutet in den allermeisten Fällen jedoch auch häufig Stillstand und begrenzte Möglichkeiten für persönliches Wachstum.

Die Angst, Fehler zu machen, hindert uns daran, über uns hinauszuwachsen. Fehler sollten jedoch ein gewöhnlicher Bestandteil im Entwicklungsprozess sein.

Das Wissen über den Hund erweitern

Natürlich ist der Wunsch nach **FAIRNESS DEM HUND GEGENÜBER** eine tolle Prämisse. Sowohl unsere Befragung als auch die Erfahrungen aus unserer Arbeit als Hundetrainer:in lassen uns jedoch wissen, dass die Angst, falsch zu handeln, lähmen kann – frei nach dem Motto: »Bevor ich etwas falsch mache, mache ich lieber gar nichts.«

Doch es gibt eine erfolgversprechende Lösung für dieses Dilemma: **SICH WISSEN ANEIGNEN!** Wissen über den eigenen Hund ist die wichtigste Voraussetzung für ein erfolgreiches Miteinander. Um zu wissen, ob du deinem Hund gegenüber fair bist, musst du seine Bedürfnisse kennen. Du musts wissen, mit wem du es eigentlich zu tun hast. Dafür benötigst du ein Verständnis für das **AUSDRUCKSVERHALTEN** deines Vierbeiners, denn Hunde zeigen ihre Befindlichkeiten unmittelbar über ihr **ERSCHEINUNGSBILD.**

Zudem kann ein Perspektivenwechsel spannende Erkenntnisse liefern. Meist haben die Menschen, die zu uns in die Beratung kommen, ein sehr gutes Bauchgefühl, wie es ihrem Hund gerade geht und wie er so drauf ist. Dieses Bauchgefühl kannst du mit ein wenig Beobachtung kombinieren und dir die folgenden Fragen stellen, die den Grundstein dieses Buches legen sollen:

- Wie fühlt sich mein Hund mit meiner Erziehung?
- Was hilft ihm und was würde er sich wünschen?
- Was braucht er?
- Wen braucht er?
- Was für ein Typ ist mein Hund?
- Welche Entscheidungen würde er treffen, die nicht hilfreich in meinem Alltag wären?

Das Wissen um die typischen Wesenseigenschaften des eigenen Hundes und um sein individuelles Ausdrucksverhalten trägt wesentlich dazu bei, den Vierbeiner besser zu verstehen.

Einige dieser Fragen werden wir im Lauf des Buches noch genauer beleuchten und Antworten darauf liefern. Trotzdem kann es auch jetzt schon hilfreich sein, wenn du versuchst, **AUS SICHT DEINES HUNDES ZU DENKEN**. Dieser Perspektivwechsel ist unheimlich wichtig, denn oft schafft nur der genaue Blick auf den Vierbeiner bzw. die Betrachtung einer Situation aus dessen Sicht die Voraussetzung, gewisse Verhaltensweisen verstehen zu können. Dies betrifft vor allem die Frage, welche Motivation den Hund zu einem bestimmten Verhalten antreibt.

Was wäre, wenn ...

Ein Blick in die Zukunft hilft uns zu prüfen, was unsere eigentlichen Ziele sind und wo unsere Prioritäten liegen sollten. Wir brauchen einen guten Antrieb, um gewisse Themen mit unserem Hund anzugehen. Was ist dein Antrieb? Hast du dir schon einmal Gedanken darüber gemacht?

Positive Ziele helfen uns, fokussiert zu bleiben und nicht bei unseren Problemen oder Ängsten zu verharren. Überlege dir also, was du dir wünschst und wie es mit deinem Hund einmal sein soll – anstatt darüber nachzudenken, wie es nicht sein soll. Ohne Ziel kein Weg.

Am Ende des Buches wirst du noch einmal die Möglichkeit bekommen, dir **GENAUE ZIELE** für dich und deinen Hund zu setzen. Hierbei werden dir **TOOLS** helfen, die wir dir in den folgenden Kapiteln an die Hand geben. Bis dahin kannst du dir aber schon einige Gedanken machen, was eine Lösung möglicher Probleme für dich und deinen Hund bedeuten könnte.

1. Warum ist das »Problem« eigentlich ein Problem? Wozu führt es und was wäre, wenn es plötzlich weg wäre? Wie würde sich das in deinem Alltag mit Hund bemerkbar machen?

_ _

_ _

_ _

2. Was würdest du anders machen können? Wie würde sich das anfühlen? Und was wäre, wenn es keine Möglichkeit gäbe, weiter an dem Problem zu arbeiten?

_ _

_ _

_ _

3. Wäre das schlimm? Würde es deinen Alltag so sehr beeinflussen, dass du nicht glücklich sein könntest?

_ _

_ _

_ _

Der Weg darf sich im Wachstumsprozess verändern, damit wir ein Ziel erreichen. Manchmal kann es auch während dieses Prozesses zu Rückschlägen oder Stagnation kommen. Das ist nicht ungewöhnlich und darf so sein. Lass dich davon bloß nicht entmutigen.

Sehr schön! Nun hast du dich mit einigen bedeutenden Fragen auseinandergesetzt, die grundlegend wichtig sind, um das eigene Handeln zu hinterfragen und herauszufinden, was für dich eine Rolle spielt.
Wenn wir unser Denken und Handeln nicht darauf ausrichten, wo es langgehen soll, werden wir zwar sicherlich irgendwo ankommen, aber nicht immer ist der Weg auch das Ziel, das wir uns gesetzt hätten. Im Lauf dieses Buches kann es passieren, dass sich deine Ziele verändern, sich Blickwinkel verschieben oder deine persönlichen Werte in Bezug auf die Erziehung deines Hundes eine andere Bedeutung gewinnen.
Mach dir diesen Prozess bei der weiteren Lektüre immer wieder bewusst und wirf gern auch einen Blick auf das, was du dir zu Beginn notiert hast. Das Aufschreiben von Gedanken und Überlegungen hilft uns, verbindlich zu sein. Nur das, was wir uns sichtbar machen, werden wir uns immer wieder vor Augen führen können.

»Ich schreibe, weil ich nicht weiß,
was ich denke, bis ich lese, was ich sage.«
Flannery O' Connor

Wir wissen das nur zu gut aus eigener Erfahrung, denn wir haben nicht nur die jahrelange Expertise aus unserer Arbeit als Hundetrainer:in, sondern sind seit vielen Jahren selbst Hundebesitzer:in und immer wieder in den Genuss von Hundetrainings aus der anderen Perspektive, der des Hundehaltenden, gekommen.
So haben wir in den letzten Jahren auch gelernt, wie unheimlich wichtig es ist, die eigenen Strategien sowie das eigene Handeln zu überdenken und sich immer wieder vor Augen zu führen. Nur so gewinnt man eine bessere Wahrnehmung möglicher Probleme oder Fehler. Mit dieser wichtigen Grundlage wünschen wir dir nun viel Freude mit den folgenden Kapiteln, die voller Infos und nützlicher Tipps sind.

AUF EINEN BLICK

- Hundeerziehung ist viel mehr als nur die Veränderung des Verhaltens unserer Vierbeiner. Unser eigenes Empfinden kann eine wichtige Rolle für den Erfolg des Trainings spielen.
- Dabei hilft uns die Selbstreflexion, um unsere Gefühle rund um das Verhalten unseres Hundes und dem eigenen Umgang mit den Erwartungen der Gesellschaft zu überprüfen.
- Oft sind wir selbst unsere größten Kritiker. Wir sind streng zu uns und selten großzügig, wir sind pingelig und limitieren uns häufig selbst - vor allem wenn wir zu wissen glauben, was andere Leute über uns und unseren Hund denken. Doch das sollte absolut keine Rolle in unserem Leben spielen.
- Um die Bedürfnisse unseres Hundes erfüllen zu können, müssen wir diese kennen. Verständnis für das Ausdrucksverhalten und die genetische Herkunft unserer Vierbeiner hilft ebenfalls weiter.

2

»Es reicht!«

WARUM WIR MANCHMAL AUSRASTEN

Wir alle kennen das Gefühl, gestresst zu sein. Manchmal setzen uns gewisse Situationen, Projekte, Entscheidungen oder andere Reize so zu, dass wir schneller aus der Haut fahren, als uns lieb ist – dabei meinen wir es gar nicht so. Wie kommt es dazu, dass die ursprünglich lebenswichtige Reaktion Stress heute überwiegend negativ auf uns wirkt?

SO TREFFEN WIR UNSERE ENTSCHEIDUNGEN

Wie kann es sein, dass uns unsere Hunde so auf die Palme bringen, dass wir sie anschreien oder ausschimpfen, obwohl wir genau wissen, dass sie kein Wort von dem verstehen, was wir da sagen? Und wieso können wir manchmal entspannt darüber lachen, wenn sie auf charmante Art und Weise versuchen, unsere Regeln und Grenzen auszuhebeln, während wir uns nur einen Tag später mächtig darüber aufregen?

Um das herauszufinden, befassen wir uns zunächst damit, wie wir Menschen Entscheidungen treffen. Das hängt von vielen Faktoren ab, denn die Entscheidungsfindung ist ein komplexer Vorgang, der sich in unserem Gehirn abspielt. Vereinfacht dargestellt läuft der Prozess in etwa folgendermaßen ab: Reize werden über die **SINNESORGANE** des Körpers wahrgenommen und als elektrisch-chemische Signale ans **GEHIRN** weitergeleitet. Von dort aus führen zwei verschiedene Wege zu einer Handlungsentscheidung. Der erste ist der langsame Weg. Über den Thalamus im Zwischenhirn gelangen die Reize in die Großhirnrinde, wo unser Bewusstsein sitzt. Auf diesem Weg finden **BEWERTUNGSPROZESSE** statt. Das heißt, die Reize werden auf Relevanz geprüft, ob sie bekannt oder unbekannt sind, ob eine Handlung notwendig ist oder nicht und, falls ja, welche Handlung Erfolg verspricht. Dieser Weg bietet viele Vorteile, denn wir beziehen unsere Erfahrungen, die wir schon einmal in einer ähnlichen Situation gemacht haben, mit in diese Entscheidungsfindung ein. So können wir jederzeit sinnvolle Entschlüsse treffen. Doch er hat einen entscheidenden Nachteil: Er ist vergleichsweise langsam.

Drohen akute Gefahren, brauchen wir sehr viel schnellere Lösungen. Hier kommt der zweite Weg der Entscheidungsfindung ins Spiel. Auf diesem gelangt der Reiz vom Thalamus über eine einzige Umschaltstelle in die Amygdala, den Mandelkern. Dort werden reflexhafte Angstreaktionen ausgelöst, noch ehe wir begriffen haben, um welchen Reiz es sich überhaupt handelt. Wir kennen diesen plötzlichen Anstieg von Adrenalin im Blut, wenn wir beispielsweise einen Stock im Gras mit einer potenziell tödlichen Schlange verwechseln. Diese Reaktion des Körpers ist eine **STRESSREAKTION** und hat uns über viele Jahrtausende der Evolution einen Vorteil gebracht. Wer lange darüber nachdachte, ob es sich wirklich um eine Schlange handelte und nicht nur um einen Stock, der wurde früher oder später von dem Reptil gebissen. Wer hingegen immer reflexhaft zur Seite sprang, auch wenn in 99 von 100 Fällen keine Schlange im Gras kroch, konnte einem Giftbiss entgehen und hatte so bessere Chancen zu überleben.

Kurz mal leistungsfähig durch Stress

Überleben ist ein gutes Stichwort. Charles Darwin gilt als Begründer der **EVOLUTIONSTHEORIE**. Sie besagt, dass eine Spezies, die sich besonders gut an die Umwelt anpassen kann, größere Chancen hat zu überleben und ihre Gene an die nächste Generation weiterzugeben. So setzen sich auf lange Sicht die besonders gut angepassten Arten durch. Da die Stressreaktion, die wir eben beschrieben haben, bei vielen Säugetieren ähnlich abläuft, können wir von einem evolutiven Vorteil ausgehen. Ein Blick auf die **KÖRPERLICHEN FOLGEN DER STRESSREAKTION** stützt diese Vermutung:

- Ausschüttung von Adrenalin, Noradrenalin und Cortisol machen uns wach, aufmerksam und bereit für Kampf oder Flucht.
- Unser Puls wird beschleunigt, damit die Muskeln mit genügend Blut und damit Sauerstoff versorgt werden.
- Die Blutgerinnung wird erhöht, damit bei Verletzungen weniger Blut verloren wird.
- Akut unwichtige Bereiche des Körpers wie das Verdauungssystem werden gedrosselt, damit dort keine wichtige Energie verloren geht.
- Unsere Fähigkeit für Mitgefühl wird herabgesetzt.

Der Mandelkern steuert diese Reaktion sehr schnell und unabhängig vom präfrontalen Cortex. Unser Körper ist für kurze Zeit **EXTREM LEISTUNGSFÄHIG** und kann auf die Bedrohung, die die Stressreaktion ausgelöst hat, sehr schnell reagieren.

GUT ZU WISSEN

Der präfrontale Cortex ist ein Teil der Großhirnrinde im vorderen Teil des Gehirns. Hier laufen sensorische Informationen zusammen. Die Reaktionen auf diese Informationsflut, in unserem Fall also das Verhalten unseres Hundes, wird von dort aus gesteuert.

Diese Abläufe im Körper sind hervorragend dazu geeignet, akut auftretendem Stress erfolgreich zu begegnen. Evolutiv gesehen hat uns diese Reaktion einen Vorteil verschafft. Doch in der jüngeren Vergangenheit hat sich **UNSER LEBEN STARK VERÄNDERT**. Situationen, in denen diese Stressreaktion vorteilhaft für das Überleben war, gibt es in unserer Gesellschaft vermutlich nicht mehr. Wir gehen in den Supermarkt, statt uns unser Essen durch Jagd zu sichern, wir werden nicht von konkurrierenden Nachbarn angegriffen und müssen unser Territorium verteidigen, und es lauern eher selten gefährliche oder gar potenziell tödliche wilde Tiere in unseren Stadtparks auf uns.

Chronischer Stress macht krank

Stress, dem wir heute ausgesetzt sind, sieht anders aus und wirkt anders. Es handelt sich seltener um akute Stressreaktionen, sondern eher um lang anhaltenden, manchmal sogar **DAUERHAFTEN, CHRONISCHEN STRESS**. Dieser wirkt sich ungesund auf unseren Organismus aus. Er sorgt für Kopfschmerzen, Krankheit, Schlafbeschwerden und Depressionen bzw. ein Gefühl des Niedergeschlagenseins. Zwischen 66 und 80 Prozent der Deutschen geben an, dass sie manchmal gestresst sind. **JEDE:R VIERTE FÜHLT SICH HÄUFIGER GESTRESST.** Hauptgründe sind die Belastungen durch Arbeit, Schule oder Studium. Unmittelbar darauf folgen die hohen Ansprüche an uns selbst. Und dieser Stress nimmt Untersuchungen zufolge immer mehr zu. Im Vergleich zu einer Studie aus dem Jahr 2013 hat sich besonders der Anteil der häufiger gestressten Menschen vergrößert.

Neben gesundheitlichen und psychischen Folgen andauernden Stresses treten zusätzliche Probleme auf: Bei **CHRONISCHEM STRESS** arbeitet der Verstand nicht mehr so effizient, und Entscheidungen werden

Lang anhaltender oder dauerhafter Stress, der mit der Zeit chronisch wird, kann Hunde genauso krank machen wie Menschen.

an ihm vorbeigelenkt. Wir treffen andere Entscheidungen und handeln anders als im entspannten Zustand. Die Stressreaktion führt durch sogenannte **NEGATIVE RÜCKKOPPLUNGSEFFEKTE** dazu, dass die Stresshormone, die ins Blut freigegeben werden, eine hemmende Wirkung auf die Ausschüttung neuer Stresshormone hat. So stellt der Körper sicher, dass nicht zu viele Stresshormone im Blut umherschwirren. Die vorhandenen **STRESSHORMONE** werden vor allen Dingen durch Bewegung wieder abgebaut. Ursprünglich geschah das direkt in den Situationen, in denen es zur Ausschüttung von Stresshormonen kam, also zum Beispiel im Kampf oder auf der Flucht.

In unserem heutigen Alltag treffen wir bei diesem System auf zwei Probleme. Erstens bewegen wir uns in der Regel nicht so viel, dass unser Körper dadurch effektiv Stresshormone abbauen könnte, und zweitens fühlen sich immer mehr Menschen chronisch gestresst. So werden die Stresshormone nicht nur nicht abgebaut, es werden auch immer wieder neue produziert. Somit befindet sich der Körper im **DAUERSTRESS**.

Uns Hundemenschen verschaffen die Spaziergänge mit unseren Lieblingen zwar zusätzlich Bewegung, doch statt Entspannung kommt oft neuer Stress auf: der Hund, der ständig an der Leine zieht, die Begegnung mit Artgenossen, die mit viel Gebell vonstatten geht, oder der Vierbeiner, der ausbüxt und wegläuft – dies alles sind weitere Stressfaktoren.

Zurück zur Entscheidungsfindung

Ob wir nun also mit Gelassenheit oder Anspannung auf das Verhalten unserer Hunde reagieren, hängt von unserem inneren Zustand (»Wie gestresst sind wir?«) und unserer Veranlagung ab. Denn nicht jeder Mensch hat ein in gleichem Maß sensibel arbeitendes Stresssystem. Einerseits wird durch die Erlebnisse in den ersten Lebensjahren der Körper auf die Belastungen im Leben vorbereitet. Wer also in einem Lebensraum mit vielen Gefahren überleben will, sollte ein sensibleres Stresssystem haben, das schnell reagieren kann. Natürlich müssen wir heute keine Angst mehr davor haben, von wilden Raubtieren gefressen zu werden, doch zahlreiche Stressoren (stressauslösende Reize) sorgen in unserem Leben dafür, dass unser Stresssystem schon in der Kindheit auf ständige Gefahr gepolt ist.
Doch nicht nur selbst erlebter Stress sorgt für ein sensibles Stresssystem. In den letzten Jahren konnten Wissenschaftler:innen nachweisen, dass über Epigenetik Stresssysteme an die Nachkommen weitergegeben werden. Nagetiere zeigten Angstreaktionen auf negativ konditionierte Reize, die nur ihre Eltern, aber nicht sie selbst je erlebt haben. Wir können also davon ausgehen, dass wir auch die Belastungen der Stresssysteme unserer Großeltern und Eltern (Krieg, Hunger, Flucht) zumindest zum Teil in uns tragen.

Wenn wir sehr gestresst sind, treffen wir falsche Entscheidungen, sind tendenziell höher erregt und schimpfen eher mit unserem Hund. Dies ist eine logische Folge davon, dass unsere eigene Körperkontrolle nicht mehr so gut funktioniert und wir nicht mehr rational handeln können.

Wie sich unser Stress auf den Hund auswirkt

Übrigens haben Forscher:innen auch herausgefunden, dass unsere Hunde **ALLEIN ÜBER DEN GERUCH** mitbekommen, ob wir gestresst, verängstigt oder fröhlich sind. Für Hunde spielt die Welt der Gerüche eine wesentlich größere Rolle als für uns. Ihre Nasen sind so fein, dass sie die kleinsten Veränderungen unserer chemischen Ausdünstungen riechen können – mit der Folge, dass auch sie gestresster werden.

In Versuchen wurde gezeigt, dass Hunde in einer Situation gestresster reagieren, wenn ihre Menschen gestresst sind. Unser **DAUERSTRESS** ist also keine gute Voraussetzung für einen **ENTSPANNTEN SPAZIERGANG** mit dem Vierbeiner. Da wir den Hunden nichts vormachen können, was die eigene Stimmung betrifft, hilft es nur, unsere Stimmung zu ändern.

AUF EINEN BLICK

- Stress ist eine ursprünglich sinnvolle Reaktion des Körpers zur (kurzzeitigen) Anpassung an die Umwelt.
- Chronischer Stress macht uns krank. Unser Verstand wird bei Entscheidungen umgangen. Das führt zu Fehlern und inkonsequentem Verhalten.
- Wie reaktiv unser Stresssystem ist, haben wir nicht in der eigenen Hand. Durch frühe Erfahrungen und Epigenetik wird das Stresssystem geprägt.
- Hunde können riechen, ob wir entspannt oder gestresst sind. Durch Stimmungsübertragung passen sie sich unserer Emotion an. Es ist also an uns, unsere Stimmung so auszurichten, dass wir einen entspannten Umgang mit dem Hund pflegen können.

3

»Unerzogen? Mein Hund doch nicht!«

WARUM UNS SCHIMPFEN PEINLICH IST

Der Hund bellt jeden vorbeikommenden Menschen an. Beim Spaziergang zieht er wie verrückt an der Leine. Gehorsam auf Zuruf ist Glückssache – manchmal kommt er, meistens nicht. Häufig überfordert uns das Verhalten unserer Hunde, und wir meinen, dass jetzt nur eine gehörige »Standpauke« hilft. Doch hinterher fühlen wir uns häufig noch schlechter.

MÜSSEN WIR UNSEREN HUND UNBEDINGT SCHIMPFEN?

Eine Geschichte aus Johannas Alltag: Ich habe es eilig. Um 17 Uhr muss ich bei meinem Termin sein. Also klemme ich mir das Altpapier unter den Arm und schnappe mir die Leine, an deren Ende ich bereits meine »griechische Wundertüte« namens Bertha befestigt habe. In der Eile mache ich mir nicht die Mühe, mich ordentlich zu sortieren, sondern lasse Bertha an langer Leine vor mir aus der Haustür hinauslaufen.

Ich versuche noch schnell abzuschließen, während ich nebenbei mit dem Altpapier jongliere. Plötzlich und völlig unerwartet steht mein Nachbar vor uns, der gerade seine Wohnung verlässt.
»Hallo!«, grüßt er laut und freundlich. Die Reaktion meiner Hündin: Sie bellt ihn vehement an. Bertha mag keine fremden Männer. Vor allem mag sie keine fremden Männer, wenn sie plötzlich im Hausflur vor uns stehen und freundlich grüßen. Außerdem hat er eine Katze, das bringt meinen kleinen Terrier ohnehin in Rage.
»Psschht! Was ist denn schon wieder mit dir los?«, pampe ich Bertha an, nachdem sie schon längst verstummt ist. »Einen schönen Tag noch«, entgegne ich meinem Nachbarn mit einem Lächeln auf den Lippen, während ich die hektische Terrierdame geschickt an ihm vorbeilotse.
WAS WAR DENN DAS? Mir ist bewusst, dass meine Hündin im Affekt bellt, wenn sie sich erschreckt. Ich weiß auch, dass mein Gemotze hinterher absolut nichts an ihrem Verhalten ändern wird. Dafür müsste ich noch lauter und früher schimpfen oder sie anderweitig zurechtweisen. Das wäre mir vor meinem Nachbarn aber peinlich. Was ich also tue, erscheint völlig zwecklos.
Warum mache ich es trotzdem? Weil ich das Gefühl habe, **HANDELN ZU MÜSSEN**. Ich möchte meinem Nachbarn beweisen, dass ich Verantwortung für das Verhalten meines Hundes übernehme. Gleichzeitig möchte ich ihm auch vermitteln, dass Bertha eigentlich ein ganz netter

Hund ist. Doch warum sage ich ihm das nicht einfach und schimpfe stattdessen mit meinem Tier, dessen Verhalten ich sogar verstehen und begründen kann? Und warum habe ich nicht einfach dafür gesorgt, dass diese Situation gar nicht erst entsteht? Dafür gibt es gute Gründe.

> **FAKT IST:**
> Wir schimpfen mit unseren Hunden, um anderen Menschen das Gefühl zu vermitteln, dass wir Verantwortung für das Verhalten unserer Hunde übernehmen.

Was genau ist ein wohlerzogener Hund?

Wir Menschen haben ganz automatisch ein Bild im Kopf, wenn wir von einem »lieben« oder von einem **»WOHLERZOGENEN« HUND** sprechen. Sucht man im Internet nach »Was macht einen gut erzogenen Hund aus?«, bekommt man als Erstes folgendes Zitat zu lesen):

> »Das A und O, damit es ein gut erzogener Hund ist, ist, dass er mit anderen Hunden verträglich ist. Keinen Raufer. Keinen Kläffer, und auch keinen Pöbler. Einen Hund, mit dem man entspannt (an der Leine) an anderen Hunden vorbeigehen kann. Einen Hund, den man frei laufen lassen kann und der sich nicht gleich auf den nächsten Artgenossen stürzt. Einen Hund, der kommunizieren kann und der die notwendigen Signale versteht, und der sie auch aussenden kann.«
> (https://beste hunde.de/gut-erzogener-hund.html)

Sich einzugestehen, dass der eigene Hund gelegentlich pöbelt, nicht ausnahmslos sozialverträglich ist und auch nicht an allen Hunden und Menschen entspannt vorbeigehen kann, bedeutet demnach in erster Linie, sich einzugestehen, dass der geliebte Vierbeiner **SCHLECHT ERZOGEN** ist. Doch ist dem tatsächlich so?

MERKE

Ein Hund, der manchmal unerwünschte Verhaltensweisen zeigt, ist nicht automatisch ein schlecht erzogener Hund.

Es sind vor allem die **GLAUBENSSÄTZE**, die wir alle haben und die dazu führen, dass wir ein gewisses Verhalten als unerzogen oder unfreundlich empfinden. Ein Hund, der aggressiv bellt, kann demnach unmöglich nett sein. Und einer, der aufgrund seiner Vergangenheit, seiner Genetik oder seiner mangelnden Erfahrungen zufolge unerwünschte Verhaltensweisen zeigt, kann unseren Glaubenssätzen nach unmöglich trotzdem ein gut erzogener Hund sein. Warum dieses Denken nicht der Wahrheit entspricht, erfährst du in diesem Buch.

Häufig schämen wir uns für Dinge, die von außen betrachtet gar nicht so schlimm erscheinen, wie wir denken. Nicht selten dürften wir zu uns selbst etwas großzügiger und versöhnlicher sein. Unser Umfeld ist es schließlich auch.

Scham und Schuldgefühle

Im ersten Moment wird diese vermeintliche Erkenntnis über den geliebten Hund vermutlich **SCHAM** auslösen – ungeachtet dessen, ob sie berechtigt oder unberechtigtg ist. Schließlich sind wir verantwortlich für seine Erziehung, und wenn die Gesellschaft einen artigen Hund erwartet, den wir ihr nicht liefern können, haben wir in unseren Köpfen versagt.

Schamgefühl gehört zu den grundsätzlichen Gemütserregungen von uns Menschen und dient dem Schutz unseres Selbstwerts. **SCHAM UND SCHULDGEFÜHLE** kommen meist im Beisein anderer Menschen zum Ausdruck. Sie werden durch ähnliche Ereignisse ausgelöst, die häufig mit moralischem Versagen oder dem Überschreiten gewisser Grenzen einhergehen. Doch was unter-

> In der Bewertung betrifft Scham uns als Person. Schämen wir uns, so fühlen wir uns persönlich infrage gestellt. Schuld hingegen bezieht sich in aller Regel auf spezifische Verhaltensweisen und unser eigenes Handeln.

scheidet sie eigentlich voneinander? In Situationen, in denen Schuld nicht selten Reue oder Bedauern in uns hervorruft, sorgt das Schamgefühl viel häufiger dafür, dass wir uns kleiner oder machtloser fühlen.

Mit Zorn das Schamgefühl kaschieren

Das unerwünschte Verhalten unserer Hunde löst nun also Scham und somit die Besorgnis über die **BEWERTUNG UNSERER PERSON** durch andere Menschen aus. Wir haben das Gefühl, handeln zu müssen, um sie davon zu überzeugen, dass ihre Annahme über uns nicht stimmt. Was wir empfinden, wird auch **KOMPETENZSCHAM** genannt – sie kann im Nachgang von Misserfolgen und Kontrollverlusten zum Vorschein kommen.

Eines der Abwehrmuster nach dem US-amerikanischen Psychiater und Psychoanalytiker Léon Wurmser ist das **VERDECKEN DER SCHAM** unter anderen Gefühlen, die leichter zu ertragen sind – ein mögliches Beispiel hierfür ist **ZORN**. Diesen Zorn erntet indessen also unser Hund, nachdem uns sein Verhalten, unter Beobachtung anderer Menschen, unangenehm war. Doch was bringt es uns, außer die kurzzeitige Abwehr unseres eigenen Schamgefühls? Lösen wir mit diesem Zorn langfristig ein Problem? Mitnichten. Viel eher empfinden wir nach so einer Situation sogar **SCHULDGEFÜHLE UNSEREM HUND GEGENÜBER**. Wir haben ihn unnötig ausgeschimpft, nur um uns selbst vor unserem Nachbarn besser dastehen zu lassen. Das Problem mit unserem Hund löst sich dadurch aber nicht.

Die gute Nachricht daran ist: Schuldgefühle zu empfinden zeugt in erster Instanz von seelischer Gesundheit. Während Scham oder Ohnmacht uns eher handlungsunfähig machen, helfen uns Schuldgefühle dabei, aktiv an unserem Verhalten zu arbeiten. Was also können wir jetzt tun?

Frage dich selbst ...

Mit diesem **FRAGEBOGEN** kannst du dich selbst prüfen, ob du schon mal in einer Situation warst, die derjenigen ähnelt, die zu Beginn des Kapitels geschildert wurde.

1. Hast du schon mal deinen Hund geschimpft, um eine andere Person zu besänftigen? Wenn ja, welche Situation fällt dir hierzu ein?

2. Welche Gefühle kommen auf, wenn du an diese Situation denkst?

3. Warum kommen diese Gefühle in dir auf?

4. Wie hättest du diese Situation anders lösen können?

5. Welche Möglichkeiten gibt es, solche Situationen zu vermeiden?

6 Was hättest du stattdessen zu den Menschen sagen können, ohne dabei deinen Hund schimpfen zu müssen?

Was wäre Johannas Alternative gewesen?

Gehen wir zurück zum Anfang dieses Kapitels und der eingangs geschilderten Situation: Was hätte Johanna tun können, um sie zu vermeiden? In der Tat hätte es gleich mehrere Möglichkeiten gegeben:

» Johanna hätte sich an der Tür einige Momente mehr Zeit nehmen können, um die Wohnung mit ihrer Hündin **KONTROLLIERT** zu verlassen. So hätte sie das Altpapier zum Beispiel zu einem späteren Zeitpunkt wegbringen und sich beim Verlassen der Wohnung ganz auf ihren Hund konzentrieren können.

» Hätte sie Bertha nicht an der zwei Meter langen Leine allein aus der Tür spazieren lassen, so hätte sie vor ihr stehen können, als der Nachbar aus seiner Wohnung trat. Das hätte dem Hund **SICHERHEIT** vermittelt, und Bertha wäre vermutlich weniger heftig erschrocken.

» Ebenso hätte Johanna auch einfach mit dem Nachbarn **SPRECHEN** können, anstatt ihren Hund unnötigerweise auszuschimpfen, beispielsweise in dieser Art: »Entschuldigung, mein Hund ist ziemlich schreckhaft. Es tut mir leid, dass er Sie angebellt hat.« Oder aber: »Mein Hund hat Angst vor Männern, deshalb bellt er manchmal, wenn er sich erschrickt. Wir üben diese Begegnungen aber, und Sie könnten uns eine große Hilfe sein, wenn Sie den Hund vielleicht nicht direkt anschauen oder ansprechen würden.«

FAZIT

Sprich Menschen lieber auf die Verhaltensweisen deines Hundes an und entschuldige dich gegebenenfalls für diese, statt deinen Hund nachträglich auszuschimpfen.

4

»Moderne Zeiten«

IST UNSERE HUNDEHALTUNG ARTGERECHT?

Kein Haustier hat es dem Menschen so sehr angetan wie der Hund. Obwohl Katzen in Deutschland zahlenmäßig häufiger vertreten sind als Hunde, ist die Beziehung zwischen Mensch und Hund einzigartig. Diese Beziehung reicht viele Jahrtausende zurück und macht den Hund zum ersten Haustier des Menschen.

WIE WIR VOR URZEITEN AUF DEN HUND KAMEN

Wissenschaftler:innen diskutieren aktuell verschiedene Hypothesen rund um den Domestikationsprozess des Hundes. Insbesondere die Frage, ob der Wolf mehrfach an verschiedenen Orten unabhängig voneinander domestiziert wurde oder doch nur einmal, ist noch nicht abschließend beantwortet. Aber in einer Sache sind sich die Wissenschaftler:innen einig: Der Hund ist für uns Menschen ein ganz besonderes Tier.

Domestikation bezeichnet den Prozess, bei dem ein Wildtier zu einem Haustier wird. Es war aber sicherlich nicht so, dass die Menschen einen Wolf fingen und dieser einfach zum Hund wurde. Vielmehr handelte es sich um einen langwierigen Prozess. Zum Zeitpunkt des Domestikationsbeginns waren wir Menschen noch Jäger und Sammler und zogen als Nomaden durch das Land. Wölfe hingegen waren schon damals – und sind es heute noch – standorttreu, das heißt, sie haben ein festes Revier, das sie besiedeln. So richtig passte das Leben der Wölfe also nicht zu dem unserer Vorfahren. Gleichzeitig waren Wolf und Mensch eigentlich Konkurrenten, denn beide bejagten ähnliche Beutetiere.
Wie kam es also vor vielen Jahrtausenden dazu, dass sich Mensch und Wolf aufeinander einließen? Beide Parteien müssen **VORTEILE AUS DEN BEGEGNUNGEN** gezogen haben. Eventuell geschah die Annäherung des Wolfes auch aus der Not heraus. Denn die Domestikation nahm ihren Anfang in der letzten Eiszeit. So könnten zuerst besonders die Wölfe von den Menschen profitiert haben. Eine Hypothese besagt, dass wir Menschen während der Eiszeit vor allen Dingen das fetthaltige Fleisch der Tiere gegessen haben, weil die menschliche Verdauung nicht dazu gemacht ist, sich ausschließlich von Proteinen zu ernähren. Wenn diese Hypothese stimmt, dann blieb von der erlegten Beute der Menschen proteinreiches, fettarmes Fleisch über.

Wölfe sind im Gegensatz zu uns hervorragend in der Lage, von proteinreicher Nahrung zu leben, und so könnten die übrig gebliebenen Beutereste der Menschen eine leicht zugängliche Nahrungsquelle dargestellt haben. Menschen im Gegenzug könnten davon profitiert haben, dass die Lagerstätten sauberer gehalten wurden und Wölfe warnten, wenn sich Feinde, zum Beispiel andere Menschengruppen, dem Lager näherten. Besonders der Geruchssinn und die Fähigkeit zu hören sind bei Wölfen deutlich besser ausgeprägt als beim Menschen. Im Kapitel »Es reicht! Warum wir manchmal ausrasten« sprachen wir darüber, dass es für uns (und auch für Wölfe) klug war, übervorsichtig zu sein und lieber einmal zu oft zur Seite zu springen als einmal zu wenig (siehe Seite 19). Für die Wölfe, die sich den Menschen anschlossen, war vermutlich genau das Gegenteil von Vorteil: **WENIGER ARGWOHN** brachte den Wolf näher zu den Menschen. Erst dadurch war es dem Wildtier möglich, von uns Menschen zu profitieren.

Folgen der Domestikation

Diese Wölfe, die ihre Lebensweise verändert und sich dem Menschen angeschlossen haben, werden als erste Hunde, die sogenannten **PROTOHUNDE**, bezeichnet. Knochenfunde zeigen, dass sich bereits typische, **DOMESTIKATIONSBEDINGTE VERÄNDERUNGEN** erkennen lassen. Dazu zählt zum Beispiel, dass die Schnauze kürzer ist als bei Knochenfunden von Wölfen aus der gleichen Zeit. Über einen längeren Zeitraum hinweg näherten sich Mensch und Protohund wohl gemeinsam an. Dabei ist besonders interessant, dass diese frühen Hunde nicht mehr ausschließlich der natürlichen Selektion unterworfen waren. Anfänglich war es sicher so, dass die Hunde, die sich

Wölfe sind von Natur aus scheu. Eine mögliche Erklärung, warum sie sich den Menschen näherten, ist die Futterknappheit während der Eiszeit. Sie trieb die Tiere zu den Menschen.

Frühzeit 150 000–5000 v. Chr.	Altertum bis zum Ende des Römischen Reiches 5000 v. Chr.–600 n. Chr.	Mittelalter bis Renaissance 600–1600 n. Chr.	Beginn Neuzeit 17.–18. Jahrhundert
· Beginn der Domestikation (bis heute nicht eindeutig geklärt) · Natürlich vorkommende Schläge je nach Klima und Umgebung · Erste Vermehrung von Gebrauchshunden	· Haltung von Hunden zur Arbeit (Jagd, Hüten, Schutz/Wachen, Krieg) und als Haustier	· Haltung von Wach- und Hofhunden (Bauern) und Jagdhunden (Adel vorbehalten) · Anpaarungen je nach Verwendungszweck der Hunde	· Hundeanzahl steigt insgesamt, genauso wie ihr Ansehen · Begleithunde (ohne Verwendungszweck) werden immer beliebter

Zeitüberblick über den Verlauf der Domestikation

dem Menschen am stärksten anpassten, gleichzeitig auch am besten mit bzw. neben den Menschen existieren konnten. Nach und nach entschieden dann aber die Menschen, wer sich mit wem paaren und somit seine Gene in die nächste Generation weitergeben durfte. So konnten die Menschen **GEZIELT WÄHLEN**, welche Eigenschaften der Hunde sie fördern wollten. Man spricht hier von der **SELEKTION AUF GEWISSE MERKMALE**.

Wir können uns das so vorstellen: Ein Hund war vielleicht ein wenig wachsamer als andere Hunde und warnte durch Bellen, wenn sich Störenfriede dem Lager der Menschen näherten. Dies war durchaus eine Eigenschaft, von der der Mensch gut profitieren konnte. Also durfte dieser Hund Nachwuchs bekommen, und von seinen Welpen wurde wiederum der wachsamste Hund erwählt, der ebenfalls Nachwuchs haben durfte. So könnte der erste Wachhund entstanden sein.

Entwicklung unterschiedlicher Typen

Durch diese Selektion auf verschiedene (Verhaltens-) Merkmale wurden allmählich **VERSCHIEDENE HUNDETYPEN** hervorgebracht. Diese Hundetypen hatten allerdings noch nichts mit der heutigen Rassezucht zu tun – diese ist erst wenige hundert Jahre alt. Vielmehr gab es verschiedene Schläge von Hunden, die jeweils **BESONDERE TALENTE** hatten. Gerade als der Mensch sesshaft wurde und zu Ackerbau und Viehhaltung überging, kamen weitere vielfältige Betätigungsfelder für die Vierbeiner hinzu.

19. Jahrhundert	20. Jahrhundert	21. Jahrhundert
· Beginn der allgemeinen Tierzucht, Inzucht und Inzestzucht werden angewandt · Selektion auf Leistung und Optik	· 1911 Gründung der FCI (siehe S. 38) · Zuchtvereine mit Zuchtbüchern entstehen · Die Heimtierindustrie entwickelt sich · Entstehung von Moderassen	· Teilweise künstliche Fortpflanzung (Besamungen, Kaiserschnitte) · I. d. R. Fokus auf Reinzucht, Linienzucht · Ursprüngliche Gebrauchshunde sind in den Industrienationen fast komplett »arbeitslos«

Unterschiedlichste Aufgaben für die Hunde

Viele Forscher:innen sind sich sicher, dass wir uns auch mithilfe der Hunde zu dem entwickeln konnten, was wir heute sind. Ackerbau, Viehhaltung und die damit verbundene **SESSHAFTWERDUNG** gelten als Erfolgsgeschichte des Menschen – durch diese Errungenschaften konnten erste Hochkulturen entstehen. Allerdings brachten der Anbau von Getreide, die Lagerung der Ernte und die Viehhaltung einige Herausforderungen mit sich. Andere Tiere bedienten sich auf den Feldern oder rissen Tiere aus den Herden. Ratten und andere Nager plünderten oder verunreinigten die Getreidelager. Doch mit der Unterstützung durch die Hunde konnten die Menschen diese Probleme besser in den Griff bekommen, indem sie die Vierbeiner als **BEWACHER VON FELDERN UND VIEH** abstellten und auf die **JAGD VON NAGETIEREN** spezialisierte Hunde durch die Getreidespeicher patrouillieren ließen.

Aus der Zeit der ägyptischen Hochkultur (vor 7000 Jahren) wurden Gräber gefunden, denen auch Knochen von Hunden beigelegt wurden. Teilweise waren die Tiere so aufwendig balsamiert wie Pharaonen. Also hatten die Hunde vermutlich auch schon damals eine emotionale Bedeutung für die Menschen, die darauf schließen lässt, dass sie über die reine Verwendung als Nutztiere hinausreichte.

Dennoch ist die Hundehaltung in der damaligen Zeit in keiner Weise mit der von heute zu vergleichen. Besonders seit der Industrialisierung hat sich unser Lebensstil rasant verändert – und damit nicht nur unsere Art zu leben, sondern auch die Hundehaltung.

VOM GEBRAUCHSHUND ZUM SOZIALPARTNER

Die Hunde, die wir bisher beschrieben haben, lebten vor allen Dingen als sogenannte Gebrauchshunde – die Menschen setzten sie für gewisse Aufgaben ein. Im Lauf von mehreren Tausend Jahren bildeten sich viele verschiedene Schläge und Rassen von Hunden heraus. Je nach Anforderungen an die Arbeit oder die Umwelt wurden auf diese Weise gewisse Merkmale bei den Vierbeinern herausgearbeitet.

Der größte kynologische Dachverband, die FCI (Fédération Cynologique Internationale), hat insgesamt 355 Rassen anerkannt (Stand Juni 2022). Andere größere Verbände wie der American Kennel Club (AKC) akzeptieren deutlich weniger offizielle Rassen, nämlich nur um die 200. Doch viele heute vertretene Mischlinge, wie etwa alle Doodle (Kreuzungen aus Pudel und einer weiteren Rasse), sind noch nicht offiziell als Rasse anerkannt und tauchen demnach nicht in den Listen der großen Verbände auf. Wir können also davon ausgehen, dass weltweit mehr als 400 verschiedene Hunderassen vertreten sind.

Viele dieser Hunde leben heute vor allen Dingen als Sozialpartner in unseren Haushalten. Das bedeutet, dass sie keine Aufgabe mehr im Sinn eines Gebrauchshunds haben, sondern schlicht ein **TEIL DER FAMILIE** sind. Doch wie viel Gebrauchshund steckt eigentlich noch in den Tieren, mit denen wir heute unser Leben teilen?

Die Lieblinge der Nation

Es gibt mehrere Umfragen, welche Hunderassen am beliebtesten sind, mitunter mit leichten Abweichungen, in der Tendenz aber relativ einheitlich. In Deutschland sind die **NEUN BELIEBTESTEN RASSEN:** 1. Labrador Retriever, 2. Deutscher Schäferhund, 3. Französische Bulldogge, 4. Chihuahua, 5. Australian Shepherd, 6. Golden Retriever, 7. Jack Russell Terrier, 8. Havaneser und 9. Border Collie (Bilder siehe rechts).

1

2

3

4

5

6

7

8

9

Ahnenforschung betreiben!

Es lohnt sich, den historischen Ursprung des eigenen Hundes zu ermitteln. Nicht jede Hunderasse ist schon Jahrtausende alt, doch gibt die ursprüngliche Verwendung der Rassen, aus denen ein Hund hervorgeht, einen guten Einblick in das Potenzial des Vierbeiners und kann das eine oder andere Verhalten erklären.

Die Einteilung der Rassen

Dass der Labrador uns mit einem Pantoffel oder einem Kuscheltier im Maul begrüßt, wenn wir von der Arbeit kommen, ist kein Zufall. Ebenso wenig, dass Border Collies und Australian Shepherds nervös werden, wenn ein Familienmitglied auf einem Spaziergang zurückbleibt. Den Spitz, der nicht viel bellt, sucht man vergebens, genauso wie den Beagle, der nicht ständig mit der Nase auf dem Boden durch den Wald stapft.
Die FCI teilt die Rassen in insgesamt **ZEHN GRUPPEN** ein, denen jeweils ähnliche Hundetypen zugeordnet werden. Innerhalb dieser Gruppen werden nochmals Sektionen unterschieden, die eine etwas detailliertere Zuordnung der einzelnen Rassen zulässt.

Gruppe 1: Hütehunde und Treibhunde (ausgenommen Schweizer Sennenhunde)
- **Sektion 1:** Schäferhunde
- **Sektion 2:** Treibhunde (ausgenommen Schweizer Sennenhunde)

Gruppe 2: Pinscher und Schnauzer, Molosser, Schweizer Sennenhunde
- **Sektion 1:** Pinscher und Schnauzer
- **Sektion 2:** Molossoide
- **Sektion 3:** Schweizer Sennenhund

Gruppe 3: Terrier
- **Sektion 1:** Hochläufige Terrier
- **Sektion 2:** Niederläufige Terrier
- **Sektion 3:** Bullartige Terrier
- Sektion 4: Zwerg-Terrier

Gruppe 4: Dachshunde

Gruppe 5: Spitze und Hunde vom Urtyp

Sektion 1: Nordische Schlittenhunde
Sektion 2: Nordische Jagdhunde
Sektion 3: Nordische Wach- und Hütehunde
Sektion 4: Europäische Spitze
Sektion 5: Asiatische Spitze und verwandte Rassen
Sektion 6: Urtyp-Hunde
Sektion 7: Urtyp-Hunde zur jagdlichen Verwendung

Gruppe 6: Laufhunde, Schweißhunde und verwandte Rassen

Sektion 1: Laufhunde
Sektion 2: Schweißhunde
Sektion 3: Verwandte Rassen

Gruppe 7: Vorstehhunde

Sektion 1: Kontinentale Vorstehhunde
Sektion 2: Britische und Irische Vorstehhunde

Gruppe 8: Apportierhunde, Stöberhunde, Wasserhunde

Sektion 1: Apportierhunde
Sektion 2: Stöberhunde
Sektion 3: Wasserhunde

Gruppe 9: Gesellschafts- und Begleithunde

Sektion 1: Bichon und verwandte Rassen
Sektion 2: Pudel
Sektion 3: Kleine belgische Hunderassen
Sektion 4: Haarlose Hunde
Sektion 5: Tibetanische Hunderassen
Sektion 6: Chihuahua
Sektion 7: Englische Gesellschaftsspaniels
Sektion 8: Japanische Spaniels und Pekinesen
Sektion 9: Kontinentale Zwergspaniels und andere
Sektion 10: Kromfohrländer
Sektion 11: Kleine doggenartige Hunde

Gruppe 10: Windhunde

Sektion 1: Langhaarige oder gefederte Windhunde
Sektion 2: Rauhaarige Windhunde
Sektion 3: Kurzhaarige Windhunde

Es gibt auch andere Ansätze, verschiedene Hunderassen in einzelne Hundetypen oder -gruppen einzuteilen, beispielsweise nach genetischer Ähnlichkeit. Wir verzichten aber aufgrund der Komplexität dieses Themas auf weitere Einteilungen. Was allerdings festzuhalten bleibt: Es gibt heute viele verschiedene Hunderassen, die auf gewisse **MERKMALE UND VERHALTENSWEISEN** hin gezüchtet wurden. Doch das Verhalten eines Hundes lässt sich nicht nur allein durch seine Gene begründen. Wie genau ein Verhalten entsteht und welche Rolle die Genetik dabei spielt, schauen wir uns in Kapitel 5 (ab Seite 72) an.

Rassetypische Talente

Dennoch sind die Talente der einzelnen Hundetypen nicht außer Acht zu lassen, wenn es darum geht, das Verhalten unserer Vierbeiner zu verstehen. Zu diesem Zweck wollen wir kurz einen Blick darauf werfen, welche Anlagen einzelne Hundetypen mitbringen.

> Interessant ist, dass diese Verhaltensweisen (Talente) allesamt selbstbelohnend für die Hunde sind. Das heißt, dass sie durch eine innere Motivation ausgeführt werden und die Bestätigung (Belohnung) für das ausgeführte Verhalten vom Hund selbst kommt.

Hütehunde

Diese Hunde sind dazu gemacht, Dynamik zu regulieren. An der Herde werden sie dazu eingesetzt, einzelne, **AUSGEBÜXTE TIERE WIEDER EINZUFANGEN** oder ganze **HERDEN ZU BEWEGEN**. Sie sind schnell hellwach, wenn sie einen Bewegungsreiz, zum Beispiel andere rennende Hunde, wahrnehmen. Da niemand einen zu selbstständigen Hütehund gebrauchen kann – man stelle sich nur vor, der Hund würde selbst entscheiden, wann er die Herde von A nach B triebe –, sind Hütehunde vor allem auf die **KOOPERATION MIT UNS MENSCHEN** gepolt. Britische Hütehunde haben oft ein besonders gutes Gehör, denn sie wurden dafür gemacht, Anweisungen auch bei nebligen Wetterverhältnissen in Großbritannien zu befolgen. Typische Vertreter der Hütehunde sind der Deutsche Schäferhund, der nur noch selten als Schäferhund eingesetzt wird, sondern heute vor allem Aufgaben beim Zoll, bei der Polizei und beim Militär wahrnimmt. In den Alpen ist er als Suchhund im Einsatz. Viele Beißstatistiken aus Deutschland, Österreich und der Schweiz zeigen allerdings, dass Deutsche Schäferhunde häufiger Menschen beißen als andere Hunde. Dies führte dazu, dass sie in Teilen der Schweiz als Listenhunde gelten, das heißt, dass Menschen für die Haltung eine besondere Genehmigung benötigen. In Deutschland sind sie zwar nicht als Listenhunde geführt, Untersuchungen zeigen aber, dass sie auch hierzulande überproportional häufig Menschen beißen. Eine Erklärung dafür könnte die hohe Reizaffinität von Schäferhunden sein,

Ein Border Collie bei der Arbeit: Mit seinem scharfen Blick beobachtet er ganz genau, was in der Schafherde passiert. Weltweit gibt es Hütehunde mit unterschiedlichsten Verhaltensmerkmalen – je nachdem, welche Aufgaben sie erfüllen sollen.

die dazu führt, dass sie schnell mit hoher Energie auf gewisse Reize, wie etwa Bewegungen von anderen Hunden oder Menschen, reagieren. Aber auch eine unseriöse Zucht mit dem prestigeträchtigen Deutschen Schäferhund, der auf eine besondere historische Bedeutung in Deutschland zurückblickt, oder die laienhafte Ausbildung als Schutzhund oder im Hundesport könnten mögliche Erklärungen sein.
Weitere beliebte Vertreter der Hütehunde sind Australian Shepherd, Collie und Border Collie. Von allen vier genannten Hütehundrassen gibt es jeweils Show- und Arbeitslinien. Bei der **SHOWLINIE** wird eher das rassetypische Aussehen in den Vordergrund gestellt, bei der **ARBEITSLINIE** die Fähigkeiten, die eine Rasse für die Arbeit mitbringen sollte. Die Unterteilung in Show- und Arbeitslinie gilt auch für andere Hunderassen, die ursprünglich als Gebrauchshund verwendet wurden.

Die kräftig gebauten Herdenschutzhunde beschützen die Tiere einer Herde vor Fressfeinden wie Wölfen. Sie arbeiten selbstständig und brauchen keine Anweisung des Menschen, um ihre Aufgaben wahrzunehmen.

Herdenschutzhunde

Sie sind nicht mit den Hütehunden zu verwechseln, denn Herdenschutzhunde werden nicht zum Hüten der Tiere, sondern zu deren Schutz eingesetzt. Je nach Region sollen sie die Tiere der Schäfer:innen vor Fressfeinden wie etwa Wölfen oder Bären schützen. Eine gewisse Skepsis gegenüber Fremden bleibt dabei ebenso wenig aus wie die Fähigkeit, eigenständig und ohne den Menschen Entscheidungen zu treffen. Herdenschutzhunde sind oft **GROSS** und **SELBSTSICHER**, denn sie müssen Bären und Wölfen etwas entgegenzusetzen haben. Typische Vertreter der Rasse, die wir hier in Deutschland kennen, sind Kangal, Kuvasz, Pyrenäenberghund und Owtscharka. Doch Achtung: Auch viele **HUNDE AUS DEM AUSLANDSTIERSCHUTZ** tragen die

Gene von Herdenschutzhunden in sich. Besonders die Hunde aus der Türkei und Rumänien sind genetisch »vorbelastet«.

Windhunde sind auf die Jagd auf Hasen spezialisiert. Dank ihres langen, leichten Körperbaus bewegen sie sich sehr wendig und äußerst schnell. Der Whippet ist ein mittelgroßer Windhund.

Jagdhunde

Bei diesen Tieren müssen wir differenzieren. Für unterschiedliche Aufgaben im Zug der Jagd haben sich verschiedene Hundetypen entwickelt. Die **VORSTEHHUNDE** können Wild besonders gut ausfindig machen. Durch die typische Körperhaltung (das Vorstehen) deuten sie an, wo sich Wild befindet, ohne es aufzuscheuchen. Dabei zeigen sie von der Nasen- bis zur Rutenspitze wie ein Pfeil in die Richtung, in der sie Wild aufgespürt haben. Der Kopf ist nach vorn ausgestreckt und befindet sich auf Rückenhöhe, ein Bein ist dabei meist angewinkelt, und die Rute ist waagerecht vom Rücken als dessen Verlängerung abgespreizt. Zu den bei uns bekannten Vorstehhunden zählen Pointer, Deutsch Kurzhaar, Deutsch Drahthaar, Weimaraner, Magyar Vizsla, Kleiner Münsterländer und Großer Münsterländer. **MEUTEHUNDE** wie der Beagle werden dafür eingesetzt, selbstständig und in großer Gruppenstärke (Meute) eine Spur zu verfolgen. Dabei setzen die Tiere vor allen Dingen auf ihre hervorragende Fähigkeit zum Riechen. Jeder Mensch, der einen Beagle zu Hause hat, kennt die Vorliebe für das Spurensuchen nur zu gut. Dies führt dazu, dass viele Beagles auf Freilauf verzichten müssen, denn wenn sie einmal weg sind, kann ihr Ausflug mehrere Stunden dauern.

Der Labrador Retriever ist seit Jahren die beliebteste Hunderasse in Deutschland. Er zählt neben dem Golden Retriever zu den **APPORTIERHUNDEN**. Diese Tiere gelten als unkompliziert, weil man ihnen nachsagt, jeden Menschen und jeden Hund zu mögen. Tatsächlich gibt es ein Gen, das beim Labrador dafür sorgt, dass er Fremden weniger

Huskys sind optimal an das Leben in der Kälte angepasst. Sie wurden und werden auch heute noch zum Ziehen von Schlitten im Schnee eingesetzt.

kritisch gegenübersteht. Vielen Labradoren ist ein unstillbarer Appetit im wahrsten Sinn des Wortes angeboren. Denn ein unvollständig vorliegendes Gen sorgt dafür, dass sie ihr Hungergefühl nicht mehr regulieren können. Die Folge: Zahlreiche Labradore neigen zu **ÜBERGEWICHT**. Ungefähr zwei Kilogramm mehr bringt ein Labrador mit dem unvollständigen Gen im Vergleich zu anderen Labradoren auf die Waage.

Wir alle kennen die vermeintlich traurig dreinblickenden Augen eines bettelnden Hundes. Wenn der Hunger umso größer ist, wird der Hund auch stärkere Anstrengungen unternehmen, an Futter zu kommen. Ein perfektionierter Hundeblick ist die Folge. Labradore werden für den Apport geschossener Vögel eingesetzt, besonders von Wasservögeln. Eine Vorliebe dafür, Wasser zu schlucken und Gegenstände oder Tiere ins Maul zu nehmen, ist sehr hilfreich, wenn ein Hund eine geschossene Ente aus einem Teich apportieren soll. Ein stolz wedelnder Labbi, der mit dem Hausschuh im Maul auf seine Menschen wartet, wenn diese nach Hause kommen, verwundert uns also nicht im Mindesten.

TERRIER wiederum gelten als besonders hartnäckig. Sie wurden gezüchtet, um Füchse und Dachse aus ihren Bauten zu vertreiben, sodass sie vom Menschen erlegt werden können. Man kann sich gut vorstellen, welches Maß an Robustheit und Zielstrebigkeit es braucht, um als kleiner Jack Russell Terrier in einen Fuchsbau zu marschieren und den dort ansässigen Fuchs zu vertreiben. Die selbstständige Art vereint alle Terrierarten. In Deutschland kennen wir besonders Parson Jack Russell Terrier, Fox Terrier, Airedale Terrier, Bullterrier und West Highland Terrier.

SCHWEISSHUNDE werden für die Nachsuche eingesetzt. Sie sollen die Spur eines geschossenen Tieres verfolgen und die Menschen zum Wild führen. Dabei verfügen sie über einen hervorragenden Geruchssinn und können Fährten auch nach langer Zeit und über eine große Distanz verfolgen. Dabei helfen ihnen die langen Schlappohren. Zusammen mit dem Kopf bilden die Ohren eine natürliche Barriere, die die Gerüche vor der Nase hält. Typische Vertreter sind der Hannoversche Schweißhund, der Bayerische Gebirgsschweißhund und die Bracken.

Spitze und Hunde vom Urtyp

Diese Tiere zeichnen sich durch eine gewisse Eigensinnigkeit und einen, man könnte sagen, freien Geist aus. Kommandos überdenken sie schon einmal und handeln dann ohne Probleme autark vom Menschen. Spitze finden ihre Erfüllung im Einsatz als Wachhund. Sie bellen viel. Auch wenn wir Menschen uns eine kleine, vermeintlich niedliche Version vom Spitz gezüchtet haben, den Zwergspitz (Pomeranian), bleiben die Hunde im Kern Wachhunde. Eurasier sind als Mischung aus Wolfsspitz, Chow-Chow und Samojede in den letzten Jahren immer beliebter geworden. Und wir alle kennen die Huskys, die als Schlittenhunde eingesetzt werden, ebenso wie Akita und Shiba Inu.

Artgerechte Haltung – ja oder nein?

Die genannte Auflistung deckt bei Weitem nicht alle Hunderassen ab, gibt uns aber ein Gefühl dafür, für welche Zwecke gewisse Hundetypen gezüchtet wurden. Daher kann es sich lohnen, beim eigenen Vierbeiner Ahnenforschung zu betreiben und die historische Aufgabe zu kennen.
Um die Frage, ob unsere Hundehaltung artgerecht ist, zu beantworten, müssen wir uns die Hunde allerdings noch genauer anschauen. Wir schreiben im Untertitel dieses Buches ganz bewusst **TYPGERECHT** statt artgerecht, denn alle oben genannten Hunderassen gehören ja einer einzigen Art an: *Canis lupus familiaris.* Doch sie bringen allein von ihrer Genetik sehr viele verschiedene Anforderungen mit, und selbst innerhalb einzelner Rassen, ja einzelner Würfe, gibt es dann noch die **INDIVIDUELLE AUSPRÄGUNG** des Charakters eines Hundes.
Wollen wir unserem Hund gerecht werden, müssen wir also das individuelle Tier betrachten und seine Bedürfnisse (er-)kennen. Dafür ist ein Blick auf die sozialen Strukturen, in denen Hunde leben, ebenso notwendig wie die Beschäftigung mit ihrem Ausdrucksverhalten.

DER BESTE FREUND DES MENSCHEN

Eine persönliche Geschichte von Alex: Als 2011 mein erster eigener Hund Balou bei mir einzog, hatte ich ein bestimmtes Bild vom Zusammenleben mit dem Vierbeiner im Kopf: lange Spaziergänge, zusammen mit ihm auf einer Wiese Pause machen, gemeinsam im Gras liegen, meinen Kopf auf seinen Bauch ablegen, mit ihm meine Gedanken teilen.

So ähnlich romantisierte ich das Leben mit einem Hund, der mein bester Freund werden sollte – doch dieses Idyll wurde leider nie Realität. Balou fing nach kurzer Zeit an, andere Menschen und Hunde anzubellen, und so war natürlich an ein gemeinsames Entspannen und Kuscheln auf der Wiese überhaupt nicht zu denken.

Seitdem sind elf Jahre vergangen, und ich habe viel darüber nachgedacht, woher mein damaliges Bild von Hundehaltung eigentlich kam. Schließlich bin ich mit Hunden groß geworden. Da kamen auf Familienfesten schnell einmal vier oder fünf Hunde zusammen. Hätte ich deswegen nicht einen realistischeren Blick auf die Tiere haben müssen? Keiner der Familienhunde war so, wie ich mir das für mich und meinen Vierbeiner vorgestellt hatte. Mein Bild von Hundehaltung kann also nicht nur aus meiner familiären Geschichte heraus entstanden sein.

Lassie, Kommissar Rex und Co.

Als ich 2013 anfing, mich beruflich mit Hunden auseinanderzusetzen, änderte sich meine Wahrnehmung ihnen gegenüber. Ich war total motiviert, mein mir angeeignetes Wissen über das Ausdrucksverhalten von Hunden anzuwenden. So ließ ich keine Gelegenheit aus, Hunde zu beobachten. Ob auf dem Spaziergang, im Vorbeifahren auf dem Rad oder in Filmen oder Serien – kein Hund entkam meinen Argusaugen.

Besonders spannend fand ich Filmhunde. Damals wollte ich herausfinden, wie die Menschen hinter der Kamera den Hund wohl dazu gebracht hatten, das Verhalten auszuführen, das letztlich im Film zu sehen war. Wenn man sich in dieses Thema einliest, fällt eines schnell auf: Hunde werden in den Medien nur allzu oft vermenschlicht, allerdings nicht unbedingt auf eine Art, in der sie wie Menschen behandelt werden. Ihnen werden vielmehr Verhaltensweisen angedichtet, die eigentlich von Mitmenschen zu erwarten wären. So ist der Vierbeiner dann klug – wie beispielsweise Lassie –, denkt mit, handelt nach den Bedürfnissen seiner Menschen und ist mit einer Art Moral ausgestattet. Er hilft mit, Verbrechen aufzuklären – wie etwa Kommisar Rex – und ist dabei nicht selten derjenige, der den Menschen auf die richtige Fährte lotst. Und das nicht etwa mit seinem feinen Geruchssinn, mit dem der Hund zweifelsohne ausgestattet ist, sondern mit logischem Denkvermögen und Empathie. So lernen heute sogar schon die Kleinsten in Serien wie *PawPatrol,* dass Hunde mitdenkende, altruistisch handelnde Wesen zu sein scheinen.

Hunde als Superhelden: Durch Bücher, Filme und Serien bekommen schon kleine Kinder ein unrealistisches Bild von Hunden vermittelt. Den dadurch entstehenden Erwartungen können die Tiere nicht gerecht werden.

Hunde in den sozialen Medien

All die umseitig genannten Beispiele beziehen sich auf Hunde, die in einer animierten und/oder erdachten Geschichte vorkommen, sodass zumindest klar sein sollte, dass es sich um keine echten Hundecharaktere handelt. Noch einmal anders und vor allem deutlich kritischer wird es, wenn man einen Blick auf die Darstellung von Hunden in den sozialen Medien wirft. Denn hier ist oftmals gar nicht mehr klar, was noch Realität und was bewusst für Instagram und Co. nachgestellt worden ist. Das bezieht sich zum einen beispielsweise auf gezeigte Trainings»erfolge«, zum anderen aber auch maßgeblich auf das Zusammenleben mit einem Hund.

Unter dem Begriff **SEELENHUND** finden sich allein auf Instagram über eine Million Beiträge. Der Begriff beschreibt dabei, dass ein Hund ein Seelenverwandter ist, der den Menschen besser versteht, als es jeder Zweibeiner könnte. Wie oft liest man den Satz: »Hunde sind die besseren Menschen!« Hunde können uns nicht enttäuschen, sie sind immer für uns da und lieben uns bedingungslos. In Zeiten digitaler Shitstorms, allzu schneller Empörungswellen und sozialen Drucks, der gerade auch durch das Konsumieren von sozialen Medien aufkommt, ist es daher gar nicht leicht, einen neutraleren Blick auf den Hund zu wahren.

Der Begriff »Seelenhund« ist in den sozialen Medien weit verbreitet. Er beschreibt die tiefe Verbindung zwischen Mensch und Hund und steht stellvertretend für eine Überemotionalisierung des Hundes.

Unserer Meinung nach kommt es oft zu einer **ÜBEREMOTIONALISIERUNG** von Hunde(ausdrucks-)verhalten und einem verzerrten Bild davon, was der Hund eigentlich ist bzw. was er leisten kann. Wir möchten damit nicht sagen, dass ein Hund der Seele nicht guttut! Sonst hätten auch wir unsere Vierbeiner nicht. Manchmal fragen wir uns allerdings, ob gerade der von uns in reichen Industrienationen gepflegte Lebensstil, der mittlerweile von der Natur völlig entkoppelt stattfindet, dazu geführt hat, dass unser Blick auf den Hund so in Schieflage geraten ist und das Tier bei vielen Menschen so einen Sonderstatus genießt.Dann wird das Bellen des eigenen Vierbeiners nämlich schnell als unangenehm betrachtet, dem Hund ängstliches Verhalten zugewiesen, obwohl er sich souveräner zeigt, als man meinen möchte, und Worte wie »Aggression« und »Hund« wollen gar nicht erst in einem Satz in den Mund genommen werden. Denn sonst müssten wir uns wohl eingestehen, dass unser treuer, lieber, emphatischer und kluger Seelenhund ein Tier ist und bleibt und viele Emotionen, die wir auf ihn projizieren, dem Hund und seinen Möglichkeiten nicht gerecht werden. Paradoxerweise wird ein Hund – ob bewusst oder unbewusst – vielleicht gerade aufgrund der eigenen Entfremdung von der Natur angeschafft. Denn der Vierbeiner ist der Natur bzw. dem Ursprünglichen näher, als wir Menschen es sind.

Manche Hunde leben heute ein von ihrer ursprünglichen Aufgabe sehr entfremdetes Leben. Wird das Tier wie ein Accessoire behandelt, kann das Auswirkungen auf sein Verhalten haben.

Wie wir es auch drehen und wenden, am Ende bleibt oft ein Bild von Hunden, das nicht der Realität entspricht und **FALSCHE ERWARTUNGEN** weckt. Daraus ergibt sich die Frage, wie wir ein treffenderes Bild von Hunden bekommen?

Wie so häufig hilft es auch hier, sich mit Hunden auseinanderzusetzen und mehr über ihre sozialen Gefüge und ihr Ausdrucksverhalten zu lernen. Nur wer Hunde beobachtet und ihre Kommunikation versteht, kann sich ein eigenes Bild machen.

DAS A UND O DER RICHTIGEN KOMMUNIKATION

Wölfe und Hunde leben in hierarchischen Strukturen. Früher dachte man, dass Wölfe ständige Auseinandersetzungen untereinander bräuchten, um die sozialen Gefüge und Beziehungen innerhalb des Rudels zu festigen. Doch die Forschung, die zu diesen Ergebnissen kam, fand an Gehegewölfen statt, nicht an wild lebenden Tieren.

Mittlerweile wissen wir, dass Wölfe im Freiland weitaus weniger Auseinandersetzungen innerhalb einer Gruppe ausfechten als damals angenommen. Die Schlüsse, die aus der Forschung an Gehegewölfen gezogen wurden, hatte man auf das Hundetraining übertragen. Die daraus resultierende Art und Weise der Hundeerziehung war sehr stark hierarchisch strukturiert. Hunde sollten nach Möglichkeit **KEINE EIGENEN ENTSCHEIDUNGSRÄUME** haben und Kommandos vom Menschen sofort und bedingungslos ausführen. Bei der Missachtung von Kommandos wurde schnell und wenig zimperlich bestraft.

In den vergangenen dreißig Jahren hat sich das Hundetraining aber sehr stark gewandelt, und derartige Trainingsansätze sind zum Glück rar geworden. Insgesamt ist eine Verschiebung der Hundeerziehung in Richtung **BEZIEHUNG ZWISCHEN MENSCH UND HUND AUF AUGENHÖHE** zu beobachten. Doch mit Hunden auf Augenhöhe zu leben bedeutet, mit ihnen in symmetrischen Beziehungen zu leben. Das heißt wiederum, dass **HUND UND MENSCH GLEICHBERECHTIGT** sind und niemand über dem anderen steht. Der Hund hätte somit die gleiche Berechtigung, Entscheidungen zu fällen wie wir.

Vielleicht gehen wir alle mal einen Spaziergang lang so, wie der Hund es vorgibt. Kein Ziehen an der Leine, kein »nein« oder »wir gehen hier lang«. Es dürfte schnell klar werden, dass das **KEIN ANSATZ** ist, um mit Hunden zu leben. Vielmehr sind wir sogar dazu verpflichtet, **DEN HUND ALS SOZIALES TIER IN UNSERE GRUPPE EINZUGLIEDERN** und ihm einen Platz in der sozialen Struktur unserer Familie zuzuordnen. Dabei müssen wir keinen harten oder gewaltsamen Umgang mit unserem Hund pflegen, um Grenzen und Aufgabenbereiche abzustecken.

Kommunikationsbarrieren auflösen

Bevor wir uns einige hilfreiche Regeln im Alltag anschauen (siehe Kapitel 6 ab Seite 108), wollen wir uns noch einem weiteren Thema widmen. Denn nur wenn es **KEINE KOMMUNIKATIONSBARRIEREN** zwischen Mensch und Hund gibt, können wir erfolgreich kommunizieren.

> Die wohl größte Aufgabe im Zusammenleben mit Hunden ist für uns Menschen die Kommunikation mit einer anderen Art. Wir Menschen kommunizieren digital, verbal und nonverbal. Unsere Hunde verstehen lediglich die nonverbale und die paraverbale Ebene.

Das bedeutet Folgendes: Wenn wir zu unserem Hund sagen: »Setz dich hin«, dann kann er den Inhalt dieses Satzes nicht verstehen. Er hört lediglich, in welcher Tonlage, Geschwindigkeit und Lautstärke der Satz gesprochen wurde. Noch dazu kann er unsere Körpersprache lesen und so seine Schlüsse aus unserer Kommunikation ziehen. Natürlich kann der Hund gewisse Kommandos oder Wörter mit Handlungen verknüpfen, hier soll es aber um die **ALLGEMEINE KOMMUNIKATION** gehen, nicht um die Konditionierung, die im Kapitel »Lerntheorie« (siehe Seite 70 bis 76) behandelt wird.

MERKE

- Digitale Kommunikation: die tatsächlich gesprochenen Worte
- Nonverbale Kommunikation: Gestik, Mimik, sonstige Körpersprache
- Paraverbale Kommunikation: die Art und Weise, wie gesprochen wird, also Lautstärke, Tonfall und Sprechtempo

Kommunikationskanäle

Man unterscheidet verschiedenartige Kommunikationskanäle:

- chemisch (olfaktorisch/gustatorisch)
- akustisch
- optisch
- taktil
- elektrisch

Die Kommunikation zwischen zwei Individuen (in unserem Fall sind das Mensch und Hund) funktioniert so, dass es einen **SENDER**, einen **EMPFÄNGER** und einen **KOMMUNIKATIONSKANAL** gibt. Der Sender übermittelt über einen oder mehrere Kommunikationskanäle eine Information an den Empfänger. Dabei ist die Information verschlüsselt, sodass der Empfänger sie korrekt decodieren muss, um sie zu verstehen. Ein Beispiel der folgenden Übung macht dies verständlicher.

Der Kommunikationsprozess, dargestellt nach dem Modell von Shannon & Weaver. Sender und Empfänger kommunizieren ihre verschlüsselten Signale über verschiedene Kommunikationskanäle.

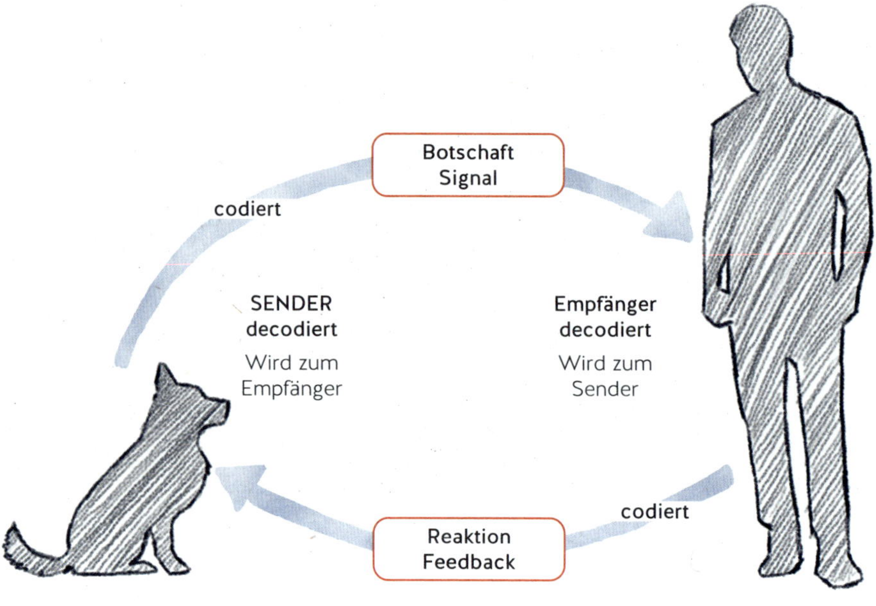

Übung: Versteht der Hund deine Nachricht?

Du stehst einige Meter von deinem Hund entfernt und möchtest, dass er zu dir kommt. Wie schaffst du das? Du überlegst dir dafür, dass du ihn bei seinem Namen rufen, in die Hocke gehen und mit deinen Armen eine einladende Geste machen wirst. Deine Vorstellung ist, dass der Hund das versteht. Deine Information (»Komm her«) wurde also nun verschlüsselt (hinhocken, einladen, rufen) und wird mittels optischem (der Hund sieht, dass du in die Hocke gehst) und akustischem (deine Rufe) Kommunikationskanal an das Tier übermittelt. Es scheint nicht unwahrscheinlich, dass es diese Geste kennt und tatsächlich kommt. In diesem Fall hätte es die Information korrekt decodiert und die richtige Information erhalten.

Natürlich kann der Hund deine Nachricht auch falsch decodieren. Nicht selten sehen wir auf Hundewiesen Menschen, die ihre Hunde lauter und lauter auffordern, zu ihnen zu kommen. Die leicht nach vorn gebeugte Körperhaltung, der Blickkontakt und die leicht aggressive Stimme beim Ruf »Komm jetzt her!« vermitteln keine einladende Stimmung. Da der Hund aber vor allen Dingen diese non- und paraverbale Kommunikation wahrnimmt, könnte er eine falsche Idee von deiner Intention bekommen. Zumindest wird deine Kommunikation für den Hund widersprüchlich sein.

Weiterhin kann es sein, dass der von dir gewählte Kommunikationskanal, also die Art und Weise, wie du mit deinem Hund in Kommunikation trittst, nicht geeignet für die jeweilige Situation ist. Bleiben wir bei dem Beispiel, dass der Hund zu dir kommen soll. Wenn du in die Hocke gehst und eine einladende Geste machst, dein Hund dich aber gar nicht sehen kann, weil ein Strauch oder ein geparktes Auto zwischen euch steht, dann ist die Wahrscheinlichkeit sehr gering, dass dein Vierbeiner die von dir ausgesendete Information erhält.

FAZIT

Um Missverständnisse mit unserem Vierbeiner zu vermeiden, müssen wir immer sehr genau darauf achten, wie wir mit dem Hund kommunizieren.

Ein wichtiger Punkt ist, dass Kommunikation **KREISFÖRMIG** verläuft. Das bedeutet – bleiben wir bei einem Sender und einem Empfänger –, dass die Reaktion des Empfängers auf die Information wiederum eine eigene Information darstellt.
Dies verdeutlicht folgendes Beispiel: Alex geht mit seinem Hund spazieren, und sie steuern auf einen großen Berg Pferdeäpfel zu. Der Hund nimmt Kurs auf diese, und Alex sagt »Nein!«. Wenn der Hund weiß, was »nein« bedeutet, wird er vom Versuch ablassen, nun eine Praline abzustauben. Seine Reaktion daraufhin – vielleicht nimmt er etwas Abstand zu den Pferdeäpfeln oder er orientiert sich zu seinem Herrchen – ist für Alex wiederum eine Information, die der Hund an ihn sendet. Er hat verstanden, Alex braucht nicht noch einmal etwas zu sagen und kann seine weitere Kommunikation anpassen. Das ist ein so wichtiger Punkt, dass wir noch weiter ins Detai gehen wollen.

Anpassung von Verhaltensweisen

Hunde passen ihr Verhalten immer an die Umgebung bzw. ihr Gegenüber an. Das klingt banal, und in der Realität läuft das so schnell ab, dass wir mit einem ungeübten Auge vieles übersehen. Eine häufig zu beobachtende Situation im Leben unserer Hunde ist das Begrüßen eines Artgenossen auf dem Spaziergang. Häufig beschnuppern sich die Tiere dann im Anogenitalbereich. Einige Hunde haben aber keine Lust, sich beschnuppern zu lassen, und ziehen den Po ein bisschen weg. Manchmal gehen die Hunde auch mit dem Kopf zwischen den eigenen Po und die Nase des anderen Hundes. Versucht der andere Hund noch einmal, seine Kontrolle fortzuführen, kann es sein, dass der Hund, der nicht beschnuppert werden will, schnappt. Das ist nur ein leichtes Drohschnappen, vielleicht wird dazu auch geknurrt. Fakt ist: Der Hund hat gemerkt, dass sein Versuch, den Po wegzuziehen, nicht geglückt ist, und versucht nun auf eine andere Weise, sich den Artgenossen vom Leib zu halten. **ER PASST SEIN VERHALTEN DER REAKTION SEINES GEGENÜBERS AN** (siehe Bilder rechts). Das geht bei Hunden oft fließend und sehr schnell. Wir Menschen sind dabei häufig stumpfer. Gerade weil wir so viel verbal kommunizieren, müssen wir uns bewusst machen, welche nonverbalen und paraverbalen Informationen wir mitschicken.

1

Der schwarze Hund droht dem Schäferhund.

2

Noch droht der Schäferhund auch zurück.

3

Langsam weicht der Schäferhund dem Druck.

4

Die Spannung des Schäferhunds lässt nach.

5

Der Schäferhund dreht ab. Sofort lässt auch der Druck des schwarzen Hundes nach.

6

Der schwarze Hund verlässt die Situation.

Die Übung Stop & Go

Es gibt schöne Übungen, um seine eigene Körpersprache und deren Wirkung auf den Hund nachvollziehen zu können. Eine davon sehen wir uns im Folgenden genauer an.

Die **ÜBUNG STOP & GO** eignet sich hervorragend dazu, sich seiner Kommunikation mit dem Hund bewusst zu werden und zu überprüfen (und oftmals darüber zu staunen), wie fein unsere Hunde kommunizieren können und wie langsam und oft stumpf wir Menschen dabei sind. Nicht selten taucht die Frage auf, wie es die Hunde nur mit uns aushalten, wenn wir sie doch so oft missverstehen ...

Ziel der Übung ist es, **NON- ODER PARAVERBAL** mit dem Hund zu kommunizieren und ihn so in eine gewisse Position zu manövrieren. Dabei wollen wir auf etablierte Kommandos wie »hier/komm her«, »stop!« oder »nein!« verzichten. Am besten ist der Hund bei dieser Übung ohne Leine. Wenn er nicht abgeleint werden kann, dann sichern wir ihn über eine Schleppleine.

Wir beginnen, wie bei jeder Übung, in einer **REIZARMEN UMGEBUNG**, in der wenig Ablenkung für den Hund herrscht. Wir müssen es uns ja nicht schwerer machen als nötig. Die eigene Wohnung, der eigene Garten oder eine menschen- und hundeleere Wiese könnten gute Orte sein, um mit der Übung loszulegen. Bitte beachte aber, dass **JEDER HUND ANDERS** ist. Der eine findet eine offene Wiese langweilig, ein anderer würde hier am liebsten sofort auf die Suche nach Mäusen gehen. Beobachte deinen Hund und entscheide sorgfältig, wo für deinen Hund ein geeigneter reizarmer Ort sein könnte.

» Wir starten damit, dass wir mit dem Hund in Kommunikation treten. Das klingt einfach, aber ohne die Leine zu benutzen und ohne »Balou, komm« zu sagen, kann das eine echte Herausforderung werden.
» Haben wir ein Band der Kommunikation hergestellt, was nicht so schnell abreißt, können wir uns vom Hund entfernen. Anfangs reichen ca. fünf Meter zwischen Mensch und Hund.
» Nun laden wir den Hund ein, zu uns zu kommen.
» Auf der Hälfte der Strecke (ca. 2,5 Metern) bringen wir ihn zum Halten.
» Steht der Hund still, laden wir ihn erneut ein.
» Nun lassen wir ihn bis zu uns herankommen. Stop & Go!

Alex tritt mit dem Hund in Kommunikation.

Alex entfernt sich und lädt den Hund zu sich ein.

Der Hund wird mittels Körpersprache gestoppt.

Nach dem Stopp wird der Druck wieder gelockert.

Der Hund wird nun wieder eingeladen ...

... und läuft daraufhin zu Alex.

Tipps von den Hundeprofis

Wenn man sich bei dieser Übung filmt, kann man später schauen, wie die eigene Kommunikation auf den Hund gewirkt und ob der Hund die richtigen Reaktionen gezeigt hat. Unser Tipp: Oft hilft es, mit den Augen eine Linie vor den Punkt zu ziehen, also in den Boden zu starren, wo der Vierbeiner stehen bleiben soll. Überprüfe deine **KÖRPERSPRACHE** und schau dir die **FEINEN REAKTIONEN DES HUNDES** an. Achte vor allem darauf, wann du deine Körpersprache veränderst und welche Reaktionen des Hundes darauf folgen. Um ihn zu **STOPPEN**, können wir körpersprachlich eine Barriere oder etwas Druck aufbauen, indem wir uns groß machen, nach vorn lehnen und uns auf den Hund ausrichten. Laden wir ihn ein, **ZU UNS ZU KOMMEN**, machen wir uns klein, weichen mit dem Blick aus und werden weich in den Bewegungen. Die Schwierigkeit bei der Übung ist der **WECHSEL ZWISCHEN EINLADUNG UND STOP** und das richtige Timing.

Beim **STOPPEN** kann es passieren, dass du deine Körperhaltung, mit der du den Hund zum Stehenbleiben bringen möchtest, zu lange hältst. Eigentlich müsste es so laufen, dass du dich aufrichtest, der Hund versteht, dass du ihn stoppen möchtest, und du passt, nachdem er stehen geblieben ist, deine Kommunikation an: Du nimmst also den Druck, der durch deine Körperhaltung aufgebaut wurde, weg. Hältst du die Körperhaltung (den Druck) hingegen zu lange, kann es sein, dass er meint, noch etwas anderes tun zu müssen. Daraufhin **PASST ER SEIN VERHALTEN AN** und dreht sich demütig weg, um die Situation zu deeskalieren.

Aus seiner Sicht macht er alles richtig, weil du immer noch Druck aufgebaut hast. Aus deiner Sicht wirkt es vielleicht so, als würde er nicht mehr mit dir in Kommunikation stehen und sich anderen Dingen zuwenden – klassisches **MISSVERSTÄNDNIS IN DER KOMMUNIKATION**.

Die Übung »Stop & Go« bietet die perfekte Möglichkeit, etwas über die Qualität unserer Kommunikation zu lernen. Meist erkennen wir, welch stümperhafte Signale wir selbst aussenden, während der Hund äußerst fein kommuniziert. Trotz unserer dürftigen Kommunikationsfähigkeit versteht er uns und passt sich uns an.

Eine weitere Reaktion bei zu viel Druck könnte sein, dass dein Hund albern wird. Vielleicht hast du das schon einmal beobachten können: Jemand ruft seinen Hund zu sich, und das Tier hört vorerst nicht. Nun wird der Mensch sauer und geht auf seinen Vierbeiner zu – doch dann hüpft der Hund im letzten Augenblick weg und wird albern. Immer wenn der Mensch nun weiter auf seinen Hund zugeht, zeigt dieser die gleiche Reaktion. Das nennt sich **SPIEL ALS STRATEGIE**. Auch hier versucht der Hund nur zu deeskalieren, und zwar durch weiche, spieltypische Bewegungen. Allerdings missverstehen wir Menschen dies oft.

Lass dich nicht veräppeln!

Aber Achtung: Zwischen Deeskalation mittels Spiel als Strategie und einem Vierbeiner, der dich zum Narren hält, liegt nur ein schmaler Grat. Du erkennst den Unterschied daran, dass dein Hund bei zu viel Druck und seinem Spiel als Strategie zwar albern wegläuft, dann aber immer wieder Blickkontakt zu dir aufnimmt und an dir orientiert ist. Während der Hund, der dich zum Narren hält, seiner eigentlichen Tätigkeit – Buddeln, Schnuppern, Spielen – weiter nachgeht und einfach nur kurz aus deinem Handlungsbereich wegläuft, wenn du ihm zu nahe kommst.

Hier ist das Filmen der Handlung unheimlich wichtig. Manchmal können selbst wir Profis nicht hundertprozentig sicher sein, was gerade passiert ist, denn Hunde sind in ihren **HANDLUNGEN UND REAKTIONEN SO UNFASSBAR SCHNELL**. Gerade für ungeübte Augen ist es nahezu unmöglich, das alles zu erfassen und zu verarbeiten – geschweige denn noch die korrekte Reaktion darauf zu zeigen.

Die Videoaufnahmen hingegen helfen dir im Nachhinein **ZU BEOBACHTEN UND ZU REFLEKTIEREN** und vor allem deine Kommunikation – nicht nur in dieser Übung – zu verbessern. Oftmals können Missverständnisse zwischen Mensch und Hund die Problemlösung behindern. Daher ist es wichtig, sich der **WIRKUNG DER EIGENEN HANDLUNGEN BEWUSST** zu werden. Auch wenn die Stop-&-Go-Übung leicht anmutet, kann sie doch ganz schön knifflig werden und viele Momente für kleinere Fehler beinhalten. Wir haben diese im Folgenden aufgelistet, um dich zu sensibilisieren und **ACHTSAMER** für deine Kommunikation zu machen.

1

2

Fehler 1: Zu viel Druck
Um den Hund in der Übung zu stoppen, bauen wir in der Regel körpersprachlich Druck auf. So signalisieren wir dem Tier, nicht näher zu kommen. Oft reagiert der Hund auf unseren Druck und bleibt stehen (Bild 1), wir passen dann aber unsere Kommunikation nicht an. Wir halten den Druck zu lange, und der Hund ist gezwungen, sich wegzudrehen (Bild 2) oder er verlässt die Situation mit Sprüngen, die wie Spielverhalten aussehen. Diese Albernheiten – Spiel als Strategie genannt – sind eine Strategie, um eine stressige Situation zu bewältigen und das Gegenüber zu besänftigen. Besser ist es, den Druck direkt zu mindern, wenn der Hund auf unser »Stopp« reagiert (Bild 3). So weiß er, dass sein Verhalten (stehen bleiben) richtig war, und kann entspannt bleiben (Bild 4).

3

4

Fehler 2: Falsche Blicke

Wohin der eigene Blick in dieser Übung geht, kann das ganze Verhalten des Hundes verändern. Manchmal ist es sinnvoller, den Blick nicht auf den Vierbeiner zu richten. Oftmals »drücken« wir ihn damit in ein Sitz oder Platz (Bild 1). Sitzt oder liegt der Hund, fällt es oft schwer, ihn wieder einzuladen, weil er ja gelernt hat, ohne Auflösesignal nicht einfach aufzustehen. Dann müssen wir uns richtig bemühen, den Hund wieder einzuladen (Bild 2). Besser ist es, mit den Augen einen Punkt zu fixieren, über den das Tier nicht laufen soll (Bild 3). So bildet unser Blick eine Barriere für den Hund, die er nicht übertreten möchte (Bild 4). Probier es aus, und du wirst sehen, dass mit der Veränderung deines Blickes auch ein verändertes Verhalten des Hundes einhergeht.

DAS AUSDRUCKSVERHALTEN DES HUNDES

Wenn wir entspannt mit unseren Hunden zusammenleben wollen, müssen wir die Vierbeiner verstehen. Will heißen: Wir müssen die Informationen, die sie senden, korrekt decodieren können. Nur so gelingt die Kommunikation zwischen Mensch und Hund. Dafür ist es erforderlich, dass wir uns mit dem Ausdrucksverhalten der Hunde beschäftigen.

Unterschiedlichste Ausdruckselemente

»Der wedelt mit der Rute, der freut sich aber!« ist wohl eine der geläufigsten Missverständnisse zwischen Mensch und Hund. Eine wedelnde Rute bedeutet nicht zwangsläufig Freude oder Spaß. Es kommt immer darauf an, wie die Rute wedelt, in welcher Position sie sich befindet und was am restlichen Körper passiert. Wir sprechen vom **GESAMTAUSDRUCK**, wenn wir alle einzelnen Elemente des Ausdrucksverhaltens zu einem Verhalten kombinieren.

Im Lauf der Evolution haben sich gewisse Kombinationen von einzelnen Ausdrucksweisen zu fest ritualisierten sogenannten **DISPLAYS** entwickelt. Das bedeutet, dass eine **BESTIMMTE KOMBINATION** aus den einzelnen Körperteilen eine feste Bedeutung hat. Ein Beispiel: Wenn ein Hund einen Artgenossen mit den Augen fixiert, dabei die Stirn in Falten legt, die Ohren und den gesamten Körper auf den anderen Hund richtet, den Nasenrücken runzelt und die Zähne zeigt, dabei die Nackenhaare aufgestellt hat, dann ist das eine **DROHGEBÄRDE**. Diese geschilderte Kombination aus den einzelnen Körperteilen hat nur

Es hilft sehr, seinen Hund bei der Kommunikation mit Artgenossen zu filmen. So kann man sich in Ruhe anschauen, welche Signale er gesendet hat, und wird für die Feinheiten der Kommunikation sensibilisiert.

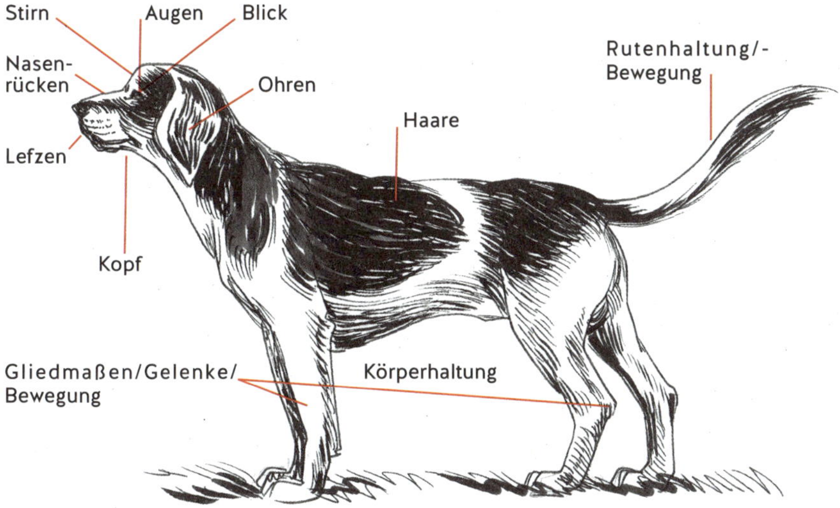

Das Ausdrucksverhalten eines Hundes besteht aus vielen verschiedenen einzelnen Signalen. Doch nur die Kombination aller Signale macht den Gesamtausdruck aus.

diese eine Bedeutung – dem Gegenüber zu drohen. Allerdings kommt es genau auf diese eine **KOMBINATION DER AUSDRUCKSELEMENTE** an, während ein Element herausgenommen aus dem Gesamtausdruck nicht für sich allein stehen und damit auch nicht für sich allein interpretiert werden kann. Weder die gebleckten Zähne, noch der gerichtete Blick auf einen anderen Hund oder ein gerunzelter Nasenrücken drücken jeweils für sich allein immer nur ein Drohverhalten aus. Es gibt noch verschiedene andere Verhaltensweisen, bei denen diese Elemente in dieser Form auftauchen und dann wiederum in einer Kombination mit anderen Elementen eine ganz andere Bedeutung haben können.

Da es für Hundehalter:innen wichtig ist, die **BEDEUTENDSTEN AUSDRUCKSWEISEN** ihrer Vierbeiner zu kennen, wollen wir sie uns auf den folgenden Seiten genauer anschauen. Gleichzeitig wird erläutert, in welchen Situationen die Hunde sie zeigen.

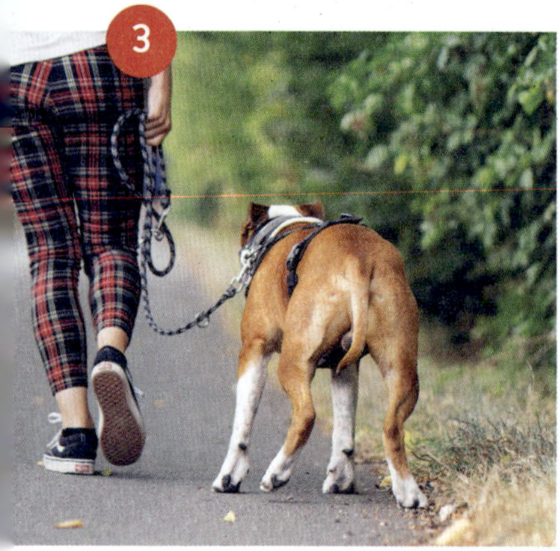

1 Aktive Demut

Die aktive Demut sehen wir oft, wenn wir länger von unseren Hunden getrennt waren und sie uns begrüßen. Der Hund geht zügig auf uns zu, ist in leicht geduckter Haltung und wedelt in kleiner Amplitude mit weicher Rute, die meist abgesenkt ist. Die Ohren sind angelegt, und der Hund hält Blickkontakt. Die Mundwinkel sind leicht nach hinten gezogen, und die Stirn wird glattgezogen. Wenn der Hund uns erreicht hat, versucht er uns abzulecken, oft im Gesicht oder an der Hand, oder er stupst uns mit seiner Schnauze an. Dieses Verhalten zeigt ein Hund, um von sich aus einem anderen Tier oder Menschen zu zeigen, dass er den Status des Gegenübers anerkennt. In einem sozialen Gefüge mit hierarchischen Strukturen ist die Beziehungspflege ein wichtiger Bestandteil, zu dem auch die aktive Demut zählt.

2 Passive Demut

Im Gegensatz zur aktiven Demut wird die passive Demut als Reaktion auf eine Bedrohung oder eine Einschränkung durch einen anderen Hund oder einen Menschen gezeigt. Der Blick ist abgewandt, die Ohren sind angelegt, die Stirn ist glattgezogen, die Rute wird gesenkt oder zwischen die Hinterläufe gezogen. Der Hund hebt oft eine Pfote und dreht sich mit dem gesamten Körper von dem anderen Hund oder Menschen weg. Die Extremform der passiven Demut ist das Auf-den-Rücken- bzw. Auf-die-Seite-Legen, das auf großen Druck hin gezeigt wird. Die passive Demut bedeutet so viel wie: Ich habe verstanden, ich erkenne deine Einschränkung an. Die passive Demut wird oft mit dem Ausdruck von Angst verwechselt. Oft bewegen sich Hunde direkt nach Auflösen der Situation, die die Demut ausgelöst hat, auch wieder zu dem anderen Hund oder Menschen hin. Gerade wenn ein Hund Angst hätte, würde er den angstauslösenden Reiz allerdings stark meiden.

3 Angst

Ein ängstlicher Hund zeigt eine niedrige Körperhaltung, die Ohren sind angelegt, die Augen können weit aufgerissen sein, die Rute wird stark eingezogen. Der Hund beginnt zu zittern oder hektische Bewegungen zu machen, und er versucht zu flüchten.

4 Offensives Drohen

Der Hund hält Blickkontakt zu dem Objekt, dem er droht. Die Ohren sind nach vorn gerichtet, und der Hund steht aufrecht. Die Rute wird oft waagerecht bis erhöht getragen. Der Nasenrücken ist gerunzelt, die Zähne werden gezeigt. Dabei kann der Hund knurren und seine Nackenhaare aufstellen. Die Muskeln im ganzen Körper sind angespannt. Der Fang ist geöffnet, und der Lippenspalt tendiert dazu, eher rund zu sein. Offensives Drohen signalisiert, dass der Hund angriffsbereit ist, falls seinem Wunsch – meistens nach Distanz – nicht gefolgt wird.

5 Defensives Drohen

Beim defensiven Drohen hat der Hund keinen Blickkontakt zu dem Objekt, das ihn bedroht. Die Ohren sind zur Seite, nach hinten oder nach unten geklappt. Der Lippenspalt ist deutlich länger als beim offensiven Drohen und der Nasenrücken gerunzelt. Die Rute wird dabei eingezogen, und die Körperhaltung ist eher niedrig. Die Zähne sind gebleckt, und es kann ein Abwehrschnappen erfolgen – ein Schnappen in Richtung der Gefahr, das aber gezielt danebentrifft.

6 Imponieren

Beim Imponieren macht sich der gesamte Hund so groß, wie es nur geht. Die Pfoten werden durchgedrückt, der Hund steht sehr aufrecht und hebt den Kopf. Die Ohren sind nach vorn gerichtet, und die Rute wird so hoch wie möglich getragen. Die Haare können sich dabei aufstellen. Es gibt die Varianten von Imponieren, wo auch markiert wird oder der Hund mit den Pfoten über den Boden scharrt. Imponierverhalten ist immer ungerichtet, das heißt, kein anderer Hund wird dabei direkt angeschaut, auch wenn er vielleicht der Adressat des Verhaltens ist. Beim Imponieren geht es darum, sich darzustellen und Stärke zu demonstrieren.

7 Neutraler Ausdruck

Beim neutralen Ausdruck sind die Muskeln des Hundes entspannt. Die Körperhaltung ist weder besonders hoch noch besonders niedrig. Oft werden Kopf und Rute auf Höhe des Rückens getragen.

Auf die Rasse kommt es an

Die unglaubliche Vielfalt der Hunderassen macht es uns (und den Hunden) nicht unbedingt einfacher, wenn wir die Signale der Vierbeiner entschlüsseln wollen. Ein Italienisches Windspiel etwa hat ein ganz anderes Erscheinungsbild als ein Husky, ein Bobtail unterscheidet sich stark von einem Beagle.

Wir müssen uns also bei der Bewertung von Verhaltensweisen immer genau anschauen, welche rassebedingten **ABWEICHUNGEN VON DER »NORM«** es gibt. Häufig sind diese von Geburt an vorhanden und kommen zwangsläufig bei manchen Rassen vor. Nicht selten haben wir unseren Hunden damit ein ganz schönes Päckchen mit auf den Weg gegeben. Viele »Schönheitsideale«, die wir den Hunden angezüchtet haben, bringen den Vierbeinern Nachteile – manchmal gesundheitliche Probleme, häufig aber auch Schwierigkeiten in der Kommunikation.

1 Rutenhaltung

Es gibt Hunde, die ihre Rute in der entspannten Haltung immer auf dem Rücken tragen. Eurasier, Huskys und Spitze sind die bekannten Vertreter der größeren Rassen, Havaneser, Mopse oder Pekinesen die der kleineren Rassen. Die Rutenhaltung auf dem Rücken ist häufig ein Element des »Sich-groß-Machens« und kann daher einen missverständlichen Gesamtausdruck vermitteln. Ebenso gibt es Hundrassen wie zum Beispiel viele Windhunde, die ihre Rute eher weiter unten, fast schon unter den Bauch gezogen tragen. Auch hier könnte die entspannte Grundhaltung mit Angespanntheit oder Unsicherheit verwechselt werden.

2 Haarkleid

Ein prächtiges Haarkleid sieht schön aus, keine Frage. Doch einige Hunderassen können nicht nur nichts mehr sehen, wenn das Gesicht mit Haaren zugewachsen ist, sondern Artgenossen können auch die feine Kommunikation, die von kleinen Bewegungen im Gesicht lebt, nicht mehr ausmachen. Ob Muskeln am Körper angespannt sind oder nicht, erkennt man bei stark behaarten Hunden ebenfalls schlecht. Bobtail, Pudel, Chow-Chow, Havaneser, Bearded Collie und Co. haben es hier deutlich schwerer, klare Botschaften zu senden.

3 Falten

Starke Falten im Gesicht sind nicht nur ein gesundheitliches Problem, sondern können ebenfalls zu Kommunikationsschwierigkeiten führen. Wie erkennt man bei einem Shar Pei, ob der Nasenrücken gerunzelt ist oder nicht? Schwierig! Neben der Tatsache, dass kurzschnäuzige Rassen extreme Probleme mit dem Atmen haben, bekommen sie hier ein zusätzliches Handicap mit auf den Weg.

3

4 Degenerierte Körperteile

Apropos Kurzschnäuzigkeit: Mops und Französische Bulldogge sind typische Vertreter sogenannter brachyzephaler Rassen. Die Nase ist extrem flach bis gar nicht mehr aus dem Gesicht vorstehend. Diese Qualzucht hat zur Folge, dass die Hunde massive Probleme beim Atmen haben. Dies ist bekannt, und es betrifft alle Tiere dieser Rassen, dennoch gibt es immer noch Menschen, die von frei atmenden Möpsen und Französischen Bulldoggen sprechen und sie züchten. Wer einmal Zeuge davon war, wie die armen Tiere um Luft ringen, der wird sich nie wieder für solch eine Rasse entscheiden. Oft sind auch die Ruten dieser Hunde degeneriert, das heißt nur als Stummel vorhanden. Auch hier fehlt ein weiterer wichtiger Baustein im Gesamtausdruck.

4

5 Extreme Körperformen

Doch es gibt noch mehr dieser Negativbeispiele: Einigen Hunden etwa fehlt das Fell (darunter der Chinese Crested), andere, wie der Rhodesian Ridgeback, laufen mit einer milden Form des offenen Rückens (Spina bifida) mit uns spazieren. Dackel werden immer länger, Doggen immer größer und Kleinsthunderassen wie Chihuahua und Co. immer kleiner. Wir Menschen machen verrückte Dinge mit den Tieren. Sie leiden gesundheitlich und in ihrer Kommunikation darunter. Letztendlich müssen sie die Folgen unserer Schönheitsideale ausbaden.

5

5

»Sieh's mal so!«

WIE HUNDE LERNEN

»Ich würde meinen Hund niemals bestrafen« – ein Satz, der vielen Hundehaltenden von den Lippen geht. Doch entspricht er wirklich der Realität? Wir wollen einen Blick in die Lerntheorie werfen, um zu verstehen, was Belohnung und Bestrafung wirklich ausmachen und wie wir sie für den Hund sinnvoll einsetzen.

ALLES EINE FRAGE DER KONDITIONIERUNG

Ist ein Hund, der viele Tricks beherrscht, artig sitzt, wenn er einen Keks haben möchte, oder jeder fremden Person das Pfötchen gibt, auch gleichzeitig ein gut erzogener Hund? Nein, dem ist nicht so. Grundsätzlich muss zwischen Training und Erziehung unterschieden werden.

Training versus Erziehung

Unter Training verstehen wir alles, was eine bestimmte Form beinhaltet. Dies kann etwa ein »Sitz« oder das Pfötchengeben bedeuten. Hier haben wir eine sehr klare Vorstellung von dem Verhalten unseres Hundes. Es entspricht nicht seinem ursprünglichen Verhaltensrepertoire und muss entsprechend kleinschrittig aufgebaut und beigebracht werden.

Erziehung dagegen beinhaltet vor allem soziales Lernen. Sie findet in der Interaktion mit anderen Lebewesen statt. Durch Erziehung lernt ein Hund vor allem ein angemessenes Verhalten im Umgang mit anderen Individuen, seien es Menschen, Hunde oder andere Tiere.

Schauen wir uns das Ganze zunächst anhand zweier Beispiele genauer an. Stell dir dabei folgende Situationen vor, du hast sie vielleicht selbst schon einmal beim Gassigehen beobachtet.

	Training	Erziehung
Beispiel Mensch	Zeichenkurs, Tanzkurs, Berufsausbildung, Onlinekurs	Vermittlung sozialer Kompetenzen (Ehrlichkeit, Geduld, Respekt) durch die Eltern
Beispiel Hund	Sitz, Platz, bei Fuß laufen, Rückruf, Pfötchen geben	Erlernen der Beißhemmung oder Frustrationstoleranz durch Mutterhündin oder Hundehalter:in

Situation 1: Ein gut erzogener Hund

Du siehst einen telefonierenden Menschen mit seinem Hund entspannt und an lockerer Leine an Ball spielenden Kindern vorbeilaufen. Der Hund schaut zwischendurch zu den Kindern, sucht ab und zu aber immer wieder den Blickkontakt zu seinem Menschen, der diesen mit einem freundlichen Lächeln erwidert. Der Hund läuft in lockerer Manier unaufgeregt an den Kindern vorbei. Die Rute trägt er in neutraler, leicht schwingender Haltung unterhalb der Rückenlinie. Die Position des Hundes ist allerdings nicht in Stein gemeißelt. Mal läuft er direkt neben seinem Menschen, mal ein kleines bisschen hinter ihm, mal ein bisschen vor ihm.

Als ein anderer Hund den Weg kreuzt, blickt er hoffnungsvoll zu seinem Menschen, der ihm jedoch keine Freigabe erteilt. Nun wechselt er selbstständig die Seite und vergrößert somit die Distanz zum anderen Hund, während er weiter neben seinem Menschen läuft und sich gut orientiert zeigt. Er hat es sich leichter gemacht, der Versuchung zu widerstehen.

FAZIT: Vermutlich haben wir es hier mit einem gut erzogenen Hund zu tun, der gelernt hat, sich an seinem Menschen zu orientieren, ohne dabei eine ganz bestimmte Form erfüllen zu müssen. Auch wenn es ihm schwerfällt, kann er es aushalten, nicht zu den Ball spielenden Kindern zu laufen, und auch den anderen Hund kann er vorbeiziehen lassen, obwohl er sich vielleicht einen Kontakt mit ihm erhofft hatte. Er hat gelernt, mit Frust umzugehen, und weiß, dass er nicht jederzeit eigene Entscheidungen treffen kann.

Situation 2: Training mit Hund

Du siehst einen Menschen mit seinem aufmerksamen Hund an lockerer Leine an Ball spielenden Kindern vorbeilaufen. Währenddessen hält der Hund den Blickkontakt zu seinem Menschen aufrecht und wird zwischenzeitlich mit einem Keks dafür belohnt. Die Rute trägt er weit oberhalb seiner Rückenlinie und wedelt damit in schnellen Bewegungen. Sein Gang ist tippelnd und der Hals weit überstreckt, um den Blick zum Menschen halten zu können. Er schenkt den Kindern und dem Ball keine Aufmerksamkeit. Zu wichtig sind ihm die Kekse, die er für den Blickkontakt abstauben kann.

Training und Erziehung sind nicht dasselbe. So kann es sehr wohl vorkommen, dass ein gut trainierter Hund trotzdem unerzogen ist.

Als nun ein Hund den Weg kreuzt, ertönt das Kommando: »Wechsel!«, und der Hund wechselt die Seite. Er bekommt eine Belohnung. »Schau«, sagt der Mensch und holt eine Leberwursttube aus seiner Jackentasche. Der Hund schaut seinen Menschen an und darf daraufhin an der Leberwursttube schlecken, während der andere Hund unbemerkt an den beiden vorbeiläuft. »Fuß«, sagt der Mensch anschließend, und der Hund läuft an seiner linken Seite akkurat und in gewohnt aufmerksamer Haltung weiter.

Ist das eine »richtiger« oder besser als das andere? Nein, das lässt sich so nicht behaupten. Wir haben hier nur ein sehr bildhaftes Beispiel für einen Hund, der **ERZOGEN** wurde (Beispiel 1), und einen Hund, mit dem alltägliche Situationen **TRAINIERT** werden (Beispiel 2). Der Unterschied liegt schlichtweg darin, dass der Hund im ersten Beispiel gelernt hat, Versuchungen zu widerstehen, ohne dabei eine gewisse Form erfüllen zu müssen, während der andere Hund durch alternative Verhaltensweisen und gezielte Ablenkungen an der Seite des Menschen gehalten wird.

Während der Hund aus dem ersten Beispiel hierfür über eine gewisse Portion Frustrationstoleranz verfügen muss, kommt der Frust im zweiten Beispiel gar nicht erst auf.

Daran ist zunächst einmal nichts verkehrt, und es kann in vielen Situationen durchaus sinnvoll sein, einen Hund temporär abzulenken, um es sich und auch dem Vierbeiner ein wenig leichter zu machen. Auf diese Weise wird der Hund jedoch nicht lernen, einfach entspannt an Artgenossen und Ball spielenden Kindern vorbeizulaufen. Er wird lediglich lernen, eine gewisse **FORM** einzuhalten, die der Mensch ihm vorgibt.

Es ist nicht viel mehr als ein Trick und hat mit Erziehung demnach nicht viel zu tun. Durch die Kommandos und hochwertigen Belohnungen

steigt logischerweise auch der Erregungszustand des Hundes und somit auch die Erwartungshaltung während des Spaziergangs.
Wie könnte der Mensch aus Beispiel 1 seinem Hund beigebracht haben, so entspannt und unaufgeregt an anderen Menschen und Ball spielenden Kindern vorbeizuziehen? Um dies zu verdeutlichen, werden wir uns mit ein paar Begrifflichkeiten auseinandersetzen müssen, die uns helfen zu verstehen, wie Hunde lernen.

Klassische Konditionierung

Was kommt dir beim Geruch von Sonnencreme in den Sinn? Vermutlich wirst du an Urlaub, Sonne, Strand und Meer denken, oder? Hier hat sich der Geruch der Sonnencreme ganz unbewusst **KLASSISCH KONDITIONIERT**, weil du ihn sehr wahrscheinlich hauptsächlich bei Sonnenschein und am Strand wahrgenommen hast.
In der Werbung kann man das Konzept der klassischen Konditionierung vielfach entdecken. Hier wird ein Reiz, der eine positive Emotion auslöst (etwa ein süßer Hundewelpe, glücklich lachende Kinder, ein Kaminfeuer) mit einem Produkt in Verbindung gebracht. Bei wiederholter Ansicht der Werbung wird so von den potenziellen Konsument:innen eine unterbewusste Verbindung zwischen der positiven Emotion und dem Produkt hergestellt. Die hierdurch entstehende Sehnsucht oder das Verlangen nach dem Produkt regt uns schlussendlich zum Kauf an.

Die berühmten Pawlowschen Experimente

Die klassische Konditionierung ist eine Form des Lernens, bei der ein Reiz, wie zum Beispiel ein Geräusch oder ein Geruch, ein bevorstehendes Ereignis ankündigt und dadurch eine Reaktion auslöst. Bekannt wurde die klassische Konditionierung durch die **SPEICHELFLUSS-EXPERIMENTE VON IWAN PAWLOW** (1849 bis 1936), einen russischen Neurologen und Physiologen.
Pawlow beobachtete durch Zufall, dass die Speichelproduktion seiner Laborhunde jedes Mal unmittelbar vor der Fütterung deutlich anstieg, und so vermutete er, dass bereits das Geräusch der Schritte desjenigen, der ihnen die Nahrung brachte, kurz vor der Fütterung für den vermehrten Speichelfluss sorgte, obwohl noch gar kein Futter in Sicht war.

Klassische Konditionierungsprozesse laufen im Alltag ganz unterbewusst ab und lassen sich nicht vermeiden. Dies kann für unser Zusammenleben mit unseren Hunden sowohl von Vorteil als auch von Nachteil sein.

Pawlow untersuchte den Effekt der klassischen Konditionierung daraufhin bei den Hunden eingehender, indem ihnen stets unmittelbar nach dem Läuten einer Glocke Futter dargeboten wurde.
An sich ist das Läuten einer Glocke ein neutraler bzw. unbekannter Reiz und hat nichts mit der Speichelproduktion zu tun. Nach einigen Wiederholungen reichte in Pawlows Experimenten allerdings allein der Glockenton aus, um den Speichelfluss der Laborhunde anzuregen, ohne dass diese das Futter wahrnehmen konnten. Damit waren die Vierbeiner auf den neuen Reiz konditioniert.
Jeder von uns hat die klassische Konditionierung sicher schon am eigenen Leib erfahren: wenn etwa ein bestimmtes Lied eine Lebensphase begleitet hat und Jahre später, beim Anhören dieses Liedes, gewisse Gefühle und Gedanken an früher wiederkommen; oder wenn uns der Geruch eines Parfums an eine bestimmte Person erinnert. Anfangs haben wir das Parfum vielleicht einfach nur wahrgenommen. Da es aber immer wieder mit derselben Person zusammen »präsentiert« wurde, kam es zu einer Verknüpfung zwischen Duft und Person/Situation.

Alltägliche Beispiele

Es gibt einige Beispiele aus unserem alltäglichen Zusammenleben mit Hunden, die vermutlich auch dir bekannt vorkommen werden:

- Das Öffnen bestimmter Schranktüren führt zu Futtererwartung bei deinem Vierbeiner.
- Das Klingeln an der Tür sorgt für Aufregung bei deinem Hund, weil er mit dem Erscheinen eines Menschen rechnet.
- Das Anziehen von Schuhen und Kleidung löst Erregung aus, weil der Hund gelernt hat, dass dem häufig eine Aktivität folgt.
- Manche Hunde reagieren bereits bei dem Geräusch von klappernden Hundemarken erregt, aufmerksam und suchend, weil das Klappern einen Artgenossen in der Nähe ankündigt.

Als Johannas alte Hündin schwer an Krebs erkrankt war, lief sie kurz vor ihrem Tod häufig unruhig und rastlos umher. Beim Ausrollen der Yogamatte zeigte sie sich unvermittelt ruhig und entspannt. Hier hatte sich das Ausrollen der Matte über die Jahre mit dem Gefühl der Entspannung klassisch konditioniert.

Komm, mach mit

Fallen dir eigene Beispiele aus deinem Alltag ein, bei denen sich Reize wie etwa Geräusche, Handlungen oder Gerüche klassisch bei deinem Hund konditioniert haben?

Das Lernen über Erfolg und Misserfolg sorgt dafür, dass der Hund sein Handeln bewusst einsetzt, um einen Vorteil zu erfahren. Durch unsere Reaktionen auf sein Verhalten haben wir die Möglichkeit, dies zu beeinflussen.

Operante Konditionierung

Neben der klassischen Konditionierung gibt es noch die Form der **OPERANTEN KONDITIONIERUNG**. Sie ist eine bekannte Lernform des Behaviorismus. Behavioristische Theorien bedienen sich ausschließlich jener Aussagen, die über beobachtbares Verhalten wissenschaftlich begründbar sind.

Unter dem Begriff »operant« versteht man Verhaltensweisen, die mittels **BELOHNUNG ODER BESTRAFUNG** entstanden sind oder mithilfe dieser Maßnahmen geformt wurden. Während wir also mit der klassischen Konditionierung ausschließlich **UNTERBEWUSST** ablaufende Prozesse auslösen können, soll mit der operanten Konditionierung eine **BEWUSSTE HANDLUNG ERLERNT** oder geformt werden, die zum Beispiel durch ein Sichtzeichen oder ein Signal hervorgerufen werden soll. Ein simples Beispiel in diesem Zusammenhang ist das Erlernen des Signals »Sitz«.

So lernt der Hund »Sitz!«

Anfänglich wird der Hund typischerweise mit einem Leckerli und einer zeigenden Geste in eine sitzende Position manipuliert. Sobald er sitzt, erhält er das Häppchen zur Belohnung für das gezeigte Verhalten. Nach einigen Wiederholungen lernt der Hund, dass es sich lohnt, sich hinzusetzen, wenn der Mensch die zeigende Geste ausübt.

Hier hat der Hund über die Belohnung **OPERANT** erlernt, dass wir bei der zeigenden Geste ein gewisses Verhalten von ihm erwarten. Ist dieses Verhalten etabliert, können wir es benennen und ein Wortsignal einführen. Dies ist wichtig, damit der Hund unser gesprochenes Wort nicht fälschlicherweise mit einem anderen Verhalten verknüpft.

Fehlverhalten ausmerzen

Ein weiteres Beispiel kann aber auch das **LÖSCHEN EINER VERHALTENSWEISE** sein, die sich über die operante Konditionierung auslösen lässt. Bellt ein junger Hund zum Beispiel viel, um Aufmerksamkeit zu erlangen, und sammelt dann die Erfahrung, dass der Mensch ihn infolgedessen mit Nichtachtung straft, so wird er in Zukunft sehr wahrscheinlich weniger häufig bellen, weil sich dieses Verhalten für ihn nicht lohnt.

Genauso würden die meisten Hunde eine Schafherde meiden, wenn sie beim Versuch, diese zu jagen, von einem Elektrozaun abgehalten würden. Die negative Erfahrung in Bezug auf ihr Verhalten den Schafen gegenüber wird eine Aversion auslösen, und das Verhalten wird zukünftig seltener oder gar nicht mehr gezeigt.

Überblick über den Unterschied zwischen klassischer und operanter Konditionierung

Handlung des Menschen	Klassisch konditionierte Reaktion	Operant konditioniertes Verhalten
Öffnen einer Futterdose.	Speichelfluss wird angeregt, Erwartung auf Futter entsteht.	Hund setzt sich hin, weil er weiß, dass er sitzen soll, um das Futter zu bekommen.

NICHT GEZEIGTES VERHALTEN KANN NICHT BELOHNT WERDEN

Belohnungen bezeichnen wir im lerntheoretischen Sinn als Verstärkung. All das, was dazu führt, dass ein Verhalten weniger oder nicht mehr gezeigt wird, darf ganz unverblümt als Strafe bezeichnet werde. Hundeerziehung ohne Strafe ist ein nettes, aber ziemlich unrealistisches Versprechen. So kann beispielsweise selbst das Nichtbeachten des Hundes eine adäquate Strafe darstellen.

Strafe und Verstärkung

Grundsätzlich gibt es vier Möglichkeiten, ein Verhalten zu verstärken oder zu bestrafen, und zwar mittels positiver oder negativer Verstärkung sowie positiver und negativer Strafe.

Positive und negative Strafe

Wer sich bereits etwas näher mit der Lerntheorie des Hundes beschäftigt hat, wird um den Begriff der **POSITIVEN STRAFE** vermutlich nicht herumgekommen sein. Wenn uns im Hundetraining dieser Begriff über die Lippen geht, schauen wir häufig in verwunderte Gesichter. »Positive Strafe? Wie soll das denn gehen?«, fragt man uns dann.

Mit der positiven Strafe ist keine besonders »nette« Strafe gemeint, die für den Hund schöner oder angenehmer ist. Das Wort »positiv« wird hier ohne emotionale Wertung betrachtet und bedeutet lediglich, dass **EINE KONSEQUENZ DARGEBOTEN**, also hinzugefügt, wird – zum Beispiel ein unangenehmer Reiz. Das kann der Stromstoß beim Kontakt mit einem Elektrozaun sein oder ein lautes Geräusch, durch das der Hund erschrickt.

Neben der positiven Strafe gibt es noch die **NEGATIVE STRAFE**. Sie bedeutet, dass dem Hund **ETWAS ANGENEHMES GENOMMEN** wird oder gänzlich verwehrt bleibt. Das kann zum Beispiel das Ausbleiben der Aufmerksamkeit des Menschen sein.

Wusstest du, dass ...

selbst das Entziehen von Aufmerksamkeit eine Strafe für deinen Hund darstellen kann?

Positive und negative Verstärkung

Auch bei der Verstärkung unterscheiden wir zwischen positiv und negativ. Die **POSITIVE VERSTÄRKUNG** beschreibt eine Belohnungsform, bei der der Hund **ETWAS ANGENEHMES DARGEBOTEN** bekommt. Das kann die Gabe eines Hundekekses für ein erwünschtes Verhalten sein oder aber die Freigabe, den Hundekumpel begrüßen zu dürfen, nachdem der Vierbeiner zunächst artig gewartet hat.

Die **NEGATIVE VERSTÄRKUNG** kommt meist zum Einsatz, wenn auch positive Strafen stattgefunden haben. Läuft der Hund etwa in einen Elektrozaun, so wird er schmerzlich erfahren, dass er dort besser nicht hineinlaufen sollte. Er springt also umgehend zurück, und das Fernbleiben vom Zaun wird negativ verstärkt – der Schmerz durch den Stromstoß lässt nach und bleibt beim Meiden des Zaunes aus.

Überblick über die Formen von Strafe und Verstärkung

	eine Konsequenz wird dargeboten	eine Konsequenz fällt weg
Angenehme Konsequenz	Positive Verstärkung	Negative Verstärkung
Unangenehme Konsequenz	Positive Bestrafung	Negative Bestrafung

Ein wichtiger Punkt ist, dass der Hund entscheidet, welche Konsequenzen er als angenehm oder unangenehm einstuft. Nur weil du es gut meinst, heißt das nicht, dass dein Vierbeiner es auch so empfindet. Ein klassisches Beispiel ist das Tätscheln des Hundekopfes. Viele Hunde ziehen den Kopf dabei leicht ein oder weg – sie finden es unangenehm, während wir es wertschätzend oder als Belohnung einsetzen wollen.

Lernen durch Strafe und Verstärkung gilt auch für Menschen

Auch in unserem menschlichen Alltag greifen diese Lernformen, und einige werden vielleicht überrascht sein, wie viel sich in unserer Welt doch um Bestrafungen dreht. Hier ein paar bildhafte Beispiele:

Überblick über Strafe und Verstärkung im Alltag des Menschen		
	Positiv	**Negativ**
Verstärkung	Bonuszahlung für besonders gute Leistung im Job; wertschätzende Worte für lobenswertes Verhalten; Eis für das Kind nach der Impfung beim Arzt	Auslaufen der Probezeit nach bestandener Führerscheinprüfung; Hausaufgabenfrei nach guter Beteiligung während des Unterrichts
Bestrafung	tadelnde Konfrontation einer Person für unerwünschtes Verhalten; das Ausüben von Kritik, wenn diese negative Emotionen auslöst; das Verbrennen an einer heißen Herdplatte	Entzug des Führerscheins bei Alkohol am Steuer; Freiheitsentzug für schwere Straftat; Ignorieren einer Person nach einem Streit

Strafe und Verstärkung bei jagenden Hunden

Die positive Verstärkung ist ausschließlich dann hilfreich, wenn man dem Hund etwas Neues beibringen möchte – nicht aber, wenn man ihm nahelegen möchte, eine gewisse **VERHALTENSWEISE NICHT MEHR** zu zeigen.

Nicht selten kommen Hundehalter:innen in unser Hundetraining, die bereits vieles ausprobiert haben. Bislang haben wir noch nie erlebt, dass Menschen nicht zumindest versucht haben, gewisse unerwünschte Verhaltensweisen ihrer Hunde loszuwerden, indem sie sie belohnten, wenn sie statt des unerwünschten ein anderes, besseres Verhalten zeigten. Auch dem ist erst mal nichts entgegenzusetzen.

Wenn wir dann aber fragen: »Was genau hast du gerade belohnt?«, klingt die Antwort häufig etwa so: »Mein Hund ist nicht gleich losgelaufen, als er den Vogel gesehen hat.«
Hier stellt sich natürlich die Frage: Können wir ein nicht gezeigtes Verhalten belohnen? Mitnichten. Wir können ausschließlich das belohnen, was der Hund gerade tut, zum Beispiel dass er sitzen bleibt, obwohl ein Vogel zu sehen ist. Oder aber wir belohnen den Hund für das Anschauen des Vogels. Doch auch hier wird der Hund nicht lernen, dass er den Vogel **NICHT JAGEN** soll. Das Anschauen potenzieller Beute können wir schließlich zum Jagdverhalten zählen, das wir damit teils sogar verstärken, denn das Aufsuchen und Fixieren von Beute ist ein wichtiger Bestandteil der Jagd. Das Interesse an Vögeln wird also nicht weniger werden.
Was aber, wenn wir den Hund nun immer dafür belohnen würden, wenn er **UNS ANSCHAUT** anstatt den Vogel? Ähnlich wie der Hund aus unserem Beispiel zu Beginn des Kapitel, der für das Anschauen seines Menschen belohnt wurde. Schließlich werden Verhaltensweisen weniger oft gezeigt und **KÖNNEN SICH LANGFRISTIG LÖSCHEN**, wenn sie nicht verstärkt werden.
Als Löschen bezeichnet man den Vorgang, wenn ein Verhalten nicht mehr gezeigt wird, obwohl es theoretisch gezeigt werden kann. Es ist für den Hund aber einfach **NICHT LOHNENSWERT**, dieses Verhalten zu zeigen, weil es nicht mehr zu einer angenehmen Konsequenz führt. In diesem Beispiel müsste das Interesse für Vögel vom Hund dann gelöscht werden. Doch vergessen wir

Das Beobachten potenzieller Beute kann selbstbelohnend sein und das Interesse am Reiz steigern. Hier ist es nun wichtig zu überlegen, was genau man belohnt: das Verweilen und Ausharren oder vielleicht doch schon einen Teil einer Jagdsequenz?

hier einen Aspekt, der im Trainingsaufbau einer nachhaltigen Hundeerziehung zwangsläufig mitgedacht werden sollte: selbstbelohnende Verhaltensweisen, die wir uns nun genauer betrachten wollen.

Selbstbelohnendes Verhalten

Gewisse Verhaltensweisen benötigen keine Belohnung durch den Menschen, um sich zu verstärken oder zu etablieren. Ein Beispiel ist das **JAGDVERHALTEN**. Stellen wir uns vor, ein Terrier, der bei der Jagd auf Wildschweine eingesetzt wird, würde von einem Brombeerbusch von der Jagd abgehalten werden, weil ihn die Dornen pieksen. Was wäre das für ein Jagdhund? Nicht selten lassen solche Hunde nicht einmal dann von einem Wildschwein ab, wenn dieses ihnen einen Stoß verpasst.
Wie kann das sein? Haben wir nicht gerade erst gelesen, dass negative Reize und positive Bestrafung dazu führen, dass ein Verhalten weniger oft gezeigt wird? Um diese Frage zu beantworten, lohnt es sich, einen Blick auf die Funktionskreise des hündischen Verhaltens zu werfen.

Überblick über die Funktionskreise des hündischen Verhaltens	
Allgemeine Bewegung	Stehen, gehen, liegen, sitzen, traben, galoppieren etc.
Stoffwechselbedingtes Verhalten	anschleichen, hetzen, packen, fressen (Jagdverhalten), koten, urinieren
Komfortverhalten	Fellpflege, hecheln zum Temperaturausgleich, strecken
Schutz und Verteidigung	Fliehen, abschnappen, verkriechen, einfrieren
Orientierung	Horchen, wittern, Nah- und Fernorientierung
Ausdruck und Kommunikation	Mimik und Körperhaltung, Rutenstellung, Bellen
Sozialverhalten	Spielen, Sexualverhalten, agonistisches Verhalten (Auseinandersetzung mit anderen Hunden)

Anhand dessen wird klar, dass das Jagdverhalten des Hundes, genau wie das Fressen oder auch das Urinieren, zum **STOFFWECHSELBEDINGTEN VERHALTEN** gezählt wird. Daraus leitet sich logischerweise auch ab, dass es eben zu den obligatorischen Verhaltensweisen gehört, die das **ÜBERLEBEN SICHERN** sollen.

Durch die Domestikation haben sich Hunde sehr unterschiedlich und entsprechend ihrer vom Menschen zugewiesenen Aufgaben entwickelt. In Kapitel 4 (ab Seite 42) wird näher auf die teilweise sehr unterschiedlichen Talente und genetischen Anlagen der Vierbeiner eingegangen. Da das Jagdverhalten dem Überleben und der Nahrungsaufnahme dienen soll, ist es wichtig, dass es mit **HOHER MOTIVATION** ausgeführt werden kann. Kaum ein Beutetier würde sich wehrlos dem Feind hingeben, und auch die Jagd selbst kann den Jagenden zumeist vor größere Herausforderungen stellen, die mit Schmerzen und Anstrengung

Während der Jagd schüttet der Organismus eines Hundes Hormone aus, die ihm helfen, Schmerz und Furcht zu vergessen. Das steigert seine Effizienz bei der Jagd.

einhergehen können. Damit genau das machbar ist und sich ein Beutegreifer nicht zu schnell von der Jagd abhalten lässt, wird hier das körpereigene Belohnungssystem aktiv – über die hormonelle Steuerung.

Der Einfluss der Hormone

Hormone wie Adrenalin und Dopamin steigern die Leistungsfähigkeit und machen den Körper resistenter gegen Schmerz und Anstrengung. Dopamin gehört zu den sogenannten **GLÜCKSHORMONEN** und dient dem Körper als **NATÜRLICHER VERSTÄRKER**. Es ist also nicht einmal der totale Jagderfolg und ein Festmahl am Ende einer Jagdsequenz erforderlich, damit der Hund sich für die vorausgegangene Jagd auf potenzielle Beute belohnt fühlt.
Wir werfen hier einen Blick auf jene Hunde, deren jagdliche Motivation aufgrund ihrer Genetik, aber auch durch Lernerfahrungen sehr hoch ist. Demnach ist es also ein Irrglaube, ein Hund würde das Interesse an Vögeln, die er gern jagen würde, wenn man ihn nur ließe, irgendwann verlieren. Selbst das Anschauen von Beute oder das Suchen nach dieser kann bereits zu einer **AUSSCHÜTTUNG VON HORMONEN** führen, die das Belohnungssystem des Körpers anspringen lassen und Lust auf mehr bereiten. Aufgrund der enormen Schmerzresistenz durch Adrenalin und Noradrenalin, deren Konzentration im Blut während der Jagd weiter ansteigt, ist ein Hund im vollen Sprint auf potenzielle Beute fast nicht mehr zu bremsen. Bei vielen Hunden ist es außerdem kaum möglich, erfolgreich Alternativen anzubieten, weil der Hund bereits um die **STARK BELOHNENDE WIRKUNG** seines jagdlich motivierten Verhaltens weiß.

Flucht als Belohnung

Eine weitere selbstbelohnende Verhaltensweise stellt die **FLUCHT** dar. Ein Hund flüchtet, um sich in Sicherheit zu bringen. Aus Angst oder Furcht fühlt er sich intrinsisch (von innen heraus) motiviert, den angstauslösenden Reiz zu meiden. Auch hier kann unter anderem Adrenalin dafür sorgen, dass der Hund leistungsfähiger ist und Kräfte mobilisiert, die ihn über seine eigenen Grenzen gehen lassen. Glückshormone werden dabei zwar nicht freigesetzt, jedoch belohnt sich ein Hund bei der Flucht über den Erfolg. Selbst wenn die Flucht gar nicht notwendig wäre, weil die Besorgnis vor dem auslösenden Reiz irrational erscheint, wird dem Hund diese Erkenntnis verborgen bleiben, da er der Konfrontation schließlich entflieht und so im Glauben gelassen wird, er hätte sich retten müssen.

An dieser Stelle sollten wir einen kurzen Blick darauf werfen, was es mit der Gewöhnung und Sensibilisierung auf gewisse Reize auf sich hat.

Flucht ist für unsichere Hunde ein bewährtes Mittel, da sie häufig Erfolg damit haben, wenn es darum geht, gewissen Situationen entkommen zu können.

Wusstest du?

Zwischen Angst und Furcht wird unterschieden, auch wenn wir die Begriffe im Alltag oft synonym verwenden.

Als **Furcht** bezeichnen wir die Empfindung auf einen bestimmten, potenziell bedrohlichen Reiz. Wir können also klar ausmachen, wovor wir uns gerade fürchten, etwa wenn uns abends im Wald eine dunkle Gestalt entgegenkommt. Dafür haben wir konkrete Bewältigungsstrategien wie schnell wegzulaufen.

Als **Angst** hingegen werden Reaktionen und Gefühle bezeichnet, die sich nicht auf einen bestimmten Reiz beziehen müssen. Das Gefühl ist allgegenwärtig, aber nicht zu fassen. Ein Beispiel: Wenn wir abends durch den dunklen Wald gehen, erleben wir keine konkrete (potenzielle) Bedrohung, sondern haben ein diffuses mulmiges Gefühl.

MAN GEWÖHNT SICH DOCH AN ALLES, ODER?

Stell dir vor, du liegst bei 30 °C am Strand und möchtest dich nach dem Sonnenbad im Meer abkühlen. Als du die ersten Schritte ins himmlisch blaue Nass wagst, stockt dir der Atem. Eine hüfthohe Welle hat dich schonungslos passiert.

Gewöhnung und Sensibilisierung

Diesen kurzen Moment des Unbehagens wirst du schnell überwinden, denn du weißt genau: Wenn du erst einmal drinnen bist, wirst du nach kürzester Zeit die Kälte des Wassers ertragen. Also atmest du einmal tief ein und wirfst dann deinen gesamten Körper ins herrliche Meer. Du gewöhnst dich schnell an die Temperatur des Wassers, und es beschert dir eine angenehme Abkühlung, die du sogar über längere Zeit genießen kannst. Vermutlich wird es dir anschließend sogar kurzzeitig kälter vorkommen, wenn du das Wasser verlässt und deine nasse Haut dem Wind ausgesetzt ist. Dieses Paradebeispiel von einem Gewöhnungseffekt haben wir wohl beinahe alle schon einmal am eigenen Leib erfahren und wir wissen um seine Existenz.

Als Johanna jedoch vor einigen Jahren an Neujahr der dänischen Tradition des Winterbadens folgte und gemeinsam mit Dutzenden Tourist:innen sowie Einheimischen in die Nordsee rannte, stellte sich zu ihrem Erschrecken kaum ein Gewöhnungseffekt ein. Selbst nach wenigen Minuten stand sie wie versteinert und nach Luft japsend da und sah dabei vermutlich eher jämmerlich als mutig aus.

Warum konnte sie sich in dieser Situation nicht an die Temperatur gewöhnen? Ganz einfach: Es war **FÜR SIE EINFACH NICHT ZU LEISTEN**, und ausschließlich die reflexartige Freisetzung von Körperwärme sowie die Ausschüttung von Adrenalin und anderen Stresshormonen durch den Kältereiz ermöglichten es ihr, der Kälte wenigstens kurzzeitig zu trotzen. Dann jedoch wurde die Kälte zunehmend schwerer zu ertra-

gen, und sie rettete sich ans Ufer in ihr trockenes Handtuch und wärmte sich an einer Tasse Glühwein.
In dieser Situation konnte sie den bekannten Gewöhnungseffekt nicht feststellen. Vielmehr hat sie sich im Lauf des Bades für die Kälte sensibilisiert, ist also empfindlich dafür geworden. Schlussendlich musste sie das Wasser fluchtartig verlassen, weil sie es keine Sekunde länger darin ausgehalten hätte.

> **FAZIT**
> Gewöhnung kann nur dann eintreten, wenn der Zustand, an den wir uns gewöhnen wollen, grundsätzlich erträglich ist. Andernfalls laufen wir Gefahr, eher noch sensibler auf gewisse Umstände zu reagieren oder zu resignieren.

Johanna ist übrigens nie wieder bei Minusgraden in irgendein offenes, kaltes Gewässer gesprungen, und es würde sie nach dieser Erfahrung in der Tat mehr Überwindung kosten als je zuvor.

Der Sensibilisierungseffekt bei Hunden

Bei unseren Vierbeinern ist das nicht anders. Besonders den Hunden, die aus dem Ausland den Weg zu uns finden und an das Leben in der Stadt nicht gewöhnt sind, verlangen wir häufig ziemlich viel ab – nicht selten sogar zu viel, sodass **DIE REIZLAGE EINE GEWÖHNUNG UNMÖGLICH** macht. »Ach, der benötigt nur etwas Zeit, dann wird er sich schon noch an das Leben hier bei uns gewöhnen«, lautet der vermutlich häufigste Tipp, den man auf der städtischen Hundewiese kostenlos erhält, wenn man diese mit einem gestressten Vierbeiner in einem ausbruchsicheren Geschirr betritt.
Stellen wir in einer Situation fest, dass unser Hund übermäßig gestresst auf einen Reiz reagiert, und verlassen wir mit ihm schlussendlich die Situation, ohne dass der Stresspegel sinken konnte, so laufen wir Gefahr, dass er zunehmend sensibler auf jenen reagieren wird. Wir sprechen im Hundetraining dann nicht selten von einer **RITUALISIERTEN**

FLUCHT, die zu einer bewährten Strategie des Hundes wurde, wenn er damit schon häufiger einen Erfolg verbuchen konnte. Wir erinnern uns: **FLUCHT KANN SELBSTBELOHNEND WIRKEN** (siehe Seite 86). Nicht selten entstehen solche extremen Verhaltensweisen aus einer anfänglichen Skepsis und entwickeln sich im Lauf der Zeit in ernst zu nehmende Angstzustände, die teilweise kaum noch rational begründbar scheinen. Hat ein Hund beispielsweise die Erfahrung gemacht, dass die nahe gelegene Hauptstraße Stress auslöst, und regelmäßig Erfolg mit seinem fluchtartigen Verhalten an dieser Straße erfahren, so lässt sich nicht selten beobachten, dass seine Fluchtreaktion immer früher auftritt. Beginnt der Hund irgendwann einmal, schon an der nächsten Hausecke weit vor der Hauptstraße flüchten zu wollen, dann kann es passieren, dass er schließlich bereits die Flucht zu ergreifen versucht, wenn der Mensch ihn zu Hause anleinen möchte. Kurzum: Der Hund hat sich auf den stressauslösenden Reiz sensibilisiert.

MERKE

Sensibilisierung bedeutet, dass der Hund immer empfindlicher auf einen bestimmten Reiz reagiert, je öfter er diesem ausgesetzt ist. An eine Gewöhnung an diesen Reiz ist nicht zu denken. Genau das Gegenteil tritt ein – der Hund reagiert immer sensibler darauf.

Gewöhnung an Belohnung und Bestrafung

Den Effekt der Gewöhnung und Sensibilisierung können wir allerdings noch in einem anderen Zusammenhang beobachten, nämlich im Zusammenhang mit Belohnung und Bestrafung. Gerade wenn es darum geht, seinen Vierbeiner zu schimpfen, stellen wir oft fest, dass dieses bei den meisten Hunden zu keinerlei Verhaltensänderung führt.

»Nala, lass das!«, »Mann, ich hab gesagt, du sollst es lassen!«, »Aus!«, »Naaaala, ich mein's ernst. Aus jetzt!«. So oder so ähnlich hören wir viele Menschen mit ihren Hunden sprechen. Sie schimpfen und motzen, und nicht selten führt diese genervte verbale Aufwallung am Ende doch nicht zu dem gewünschtem Ergebnis.

Nala ist ein sechs Monate alter Labrador und hat seit dem Welpenalter Freude daran, ihren Menschen in die Arme und Hände zu beißen. Sie schieben den Hund dann von sich weg und teilen ihren Unmut verbal mit. Eine Trainerin hatte der Halterin außerdem empfohlen, das Spiel zu beenden, indem sie einfach aufstehen und gehen solle. Doch Nala sprang dann einfach an ihrer Halterin hoch und zerrte an ihrer Hose.

Für viele Hunde wie Nala ist dies ein tolles Spiel, und wenn wir den Umgang zwischen ihr und anderen jungen Hunden beobachten, stellen wir fest, dass es für einen Hund auch nicht ungewöhnlich ist, sich derartig ruppig zu verhalten. Trotzdem können Hunde hervorragend lernen, **IHR SPIELVERHALTEN DEM GEGENÜBER ANZUPASSEN**.

Viele Hundehaltende sind bereits mit jungen Welpen überfordert, wenn sie im Spiel zu wild werden. Dann wird geschoben und geschubst, gemeckert und geschimpft. Was für den Menschen ein klares »Nein« bedeutet, stachelt die meisten Welpen aber in der Tat an, sich weiter in ihr Verhalten hineinzusteigern. Dabei gewöhnen sie sich schlichtweg an den schimpfenden Unterton, der bei vielen Anweisungen mitschwingt, weil dem selten eine Konsequenz folgt, die das Verhalten des Hundes schlussendlich beendet. Anhand des lerntheoretischen Wissens über Strafe und Belohnung lässt sich hier prüfen, was ein Hund als Belohnung oder Strafe empfinden könnte.

Wenn eine gewünschte Verhaltensweise nun also trotz Schimpfen, Schubsen und Gemotze eher zuzunehmen scheint, dann können wir schlicht davon ausgehen, dass der Hund es **NICHT ALS STRAFEND EMPFINDET**. Führen wir uns hier doch einmal vor Augen, wie die Hundemutter mit ihren Welpen umgeht. Lässt sie sich eigentlich alles gefallen oder maßregelt sie ihre ungestümen Kleinen auch mal?

Wusstest du ...?

Was als Belohnung oder Strafe empfunden wird, entscheidet nicht der Sender, sondern der Empfänger. Ob unser Schimpfen also vom Hund als strafend empfunden wird und somit dazu führt, dass ein Verhalten weniger oft gezeigt wird, entscheidet ganz allein der Hund.

So erzieht die Hundemutter

Im Normalfall erfolgen erzieherische Maßnahmen auf rein körperlicher Ebene. Oft sind kurze, schnelle Reaktionen der Mutterhündin zu beobachten, wenn ein Welpe ein Verhalten zeigt, das die Mutter unterbinden möchte. Das kann zum Beispiel ein kurzes **UMFASSEN DES FANGS** des Welpen mit dem Maul sein.

Auch der Mutterhündin ist es natürlich wichtig, ihre Welpen unversehrt zu wissen, und so kommt diese strafende Maßnahme gänzlich ohne Verletzungen aus. Ebenso beeinträchtigt sie die Beziehung oder Bindung zwischen Welpe und Mutterhündin in keiner Weise. Trotzdem wird diese kurze **STRAFENDE MASSNAHME** von den Welpen anfänglich oft mit hysterischem Gequietsche quittiert. Meist ist es eher ein kurzer Schreck als ein Schmerz, den die kleinen Welpen erfahren.

Körperliche Zurechtweisungen sind unter Hunden ganz normal. Deshalb verwundert es nicht, dass schon kleine Welpen oft sehr ruppig sind. Sie müssen erst lernen, wie man sich anderen Lebewesen gegenüber verhält.

Die für uns Menschen ruppig erscheinende Maßnahme wirkt hier jedoch **SENSIBILISIEREND** und führt in den meisten Fällen dazu, dass später deutlich weniger Intensität in einer Bestrafung der Mutter benötigt wird, um ein Verhalten der Welpen zu unterbrechen.

Nun wäre es schlichtweg sonderbar und vermutlich auch wenig alltagsgerecht, wenn wir unseren Hunden ebenfalls in die Schnauze beißen würden. Diesen Ratschlag möchten wir niemandem geben. Trotzdem müssen wir uns zwangsläufig vor Augen führen, dass Welpen diesen schroffen Umgang mit ihren Artgenossen gewohnt sind, wenn sie in unsere Obhut kommen. So erscheint es nur logisch, dass unser zaghaftes Handeln sie oft nicht sonderlich interessiert – zumindest nicht in dem Sinn, wie wir es uns vermutlich wünschen würden.

Brächten wir unseren Schmerz hingegen beim ersten Mal **ADÄQUAT ZUM AUSDRUCK**, wenn der süße Welpe zu sehr hochfährt und uns in die Hände beißt, dann müssten wir infolgedessen vermutlich auch später deutlich weniger schimpfen, weil der Hund im späteren Verlauf sensibler auf uns und unsere Ansprachen wie Handlungen reagiert. Er würde sich im Lauf der Zeit gar nicht erst an unseren schroffen Umgangston gewöhnen.

> Die Folge sind in aller Regel Hunde, die uns und das, was wir sagen, ernst nehmen. Dies führt zu einem friedlicheren Miteinander, das ohne viel Geschimpfe auskommt.

Mit »adäquat zum Ausdruck« bringen meinen wir hier selbstredend keine grobe Gewalt, aber eine Strafe sollte eben auch dazu führen, dass ein Verhalten bestenfalls umgehend eingestellt oder verändert wird. Umso häufiger wir hier eine vermeintliche Strafen anwenden, die keine Verhaltensänderung zur Folge hat, desto eher laufen wir Gefahr, dass ein Hund sich fortlaufend an die **MASSREGELUNGEN GEWÖHNT** und wir doller und doller werden müssen. Das kann aber nicht in unserem Sinn sein, geht es uns doch schließlich nicht zuletzt auch darum, einen **LIEBEVOLLEN UMGANG** mit unserem Hund zu pflegen.

Hast du also nicht das Gefühl, dass eine strafende Maßnahme bei deinem Hund zu einer Veränderung seines Verhaltens führt, kann es teilweise sogar hilfreich sein, über **GESCHICKTES MANAGEMENT** (Näheres dazu ab Seite 111) all jene Situationen, die zur Bestrafung führen würden, zu vermeiden, um einer Gewöhnung vorbeugen zu können. Das kann zum Beispiel bedeuten, dass du den Welpen über eine Leine daran hinderst, dich zu beißen oder an dir hochzuspringen. Auch ein Kindergitter oder ein Welpenauslauf können praktische Hilfsmittel sein, die wir sinnvoll in unserem Alltag nutzen können. Es ist immer noch besser, Konflikte zu umgehen, solange du keine faire und wirkungsvolle Möglichkeit hast, ein Verhalten des Hundes effektiv abzubrechen, als durch den Versuch der Korrektur eine Gewöhnung im Hund zu provozieren, die dich und dein Handeln schlussendlich unglaubwürdig erscheinen lässt.

Partielle Verstärkung

Ein weiterer Punkt, der dazu führen kann, dass strafende Maßnahmen ins Leere laufen und Hunde ihr Verhalten nicht langfristig anpassen, ist die **PARTIELLE VERSTÄRKUNG**, also die Verstärkung eines Verhaltens durch eine Belohnung, die nur hin und wieder verabreicht wird. Das lässt sich ziemlich simpel begründen. Dopamin wird weitläufig als Glückshormon bezeichnet, und auch in diesem Kapitel hast du schon davon gelesen (siehe Seite 86). Tatsächlich aber vermittelt Dopamin eigentlich kein Glücksgefühl, sondern vielmehr das **GEFÜHL DER HOFFNUNG AUF GLÜCK**.

Der deutsch-britische Neurowissenschaftler Wolfram Schultz führte in den 1990er-Jahren Untersuchungen an Affen durch, die sich mit dem Belohnungssystem des Gehirns auseinandersetzten. Im Zuge seiner Forschungen entdeckte er die biologischen Grundlagen dafür, wie das Lernen mit der **ERWARTUNG EINER BELOHNUNG** verbunden ist. Seine Untersuchungen können uns auch in Bezug auf das Verhalten unserer Hunde eine Hilfe sein.

In seinem Experiment wurde ein Affe in einem Gehege trainiert, in dem ein Lämpchen sowie ein Hebel installiert waren. Jedes Mal, wenn das Lämpchen aufleuchtete, konnte der Hebel von dem Affen betätigt werden. Daraufhin öffnete sich eine Klappe, hinter der Futter zu finden war. Nachdem der Affe diesen Mechanismus verstanden hatte, wurde das Dopamin im Körper des Affen gemessen. Die Forschenden stellten dabei fest, dass die maximale Konzentration an Dopamin nicht in dem Augenblick erreicht wurde, in dem es die Belohnung (also das Futter) gab und somit das vermeintliche Glücksgefühl einsetzen sollte, sondern immer dann, wenn das Lämpchen aufleuchtete und somit die Erwartung auf Belohnung geschürt wurde.

Vorfreude ist die größte Freude

In der nächsten Versuchsrunde bauten die Forschenden einen Zufallsmechanismus ein. Die Lampe ging an, der Affe betätigte den Hebel, hinter der Klappe war aber nun nur noch in 50 Prozent aller Durchläufe Futter zu finden. Man könnte nun annehmen, dass der Affe frustriert dadurch wurde und die Motivation, den Hebel zu betätigen, abnahm. In der Tat beobachteten die Forschenden jedoch einen gegenteiligen Effekt. Die Dopaminausschüttung schoss ab dem Zeitpunkt der zufälligen Belohnung förmlich durch die Decke.

Unregelmäßige Belohnungen bei bereits erlerntem Verhalten festigen erwünschte Verhaltensweisen nachhaltig. Gänzlich ausschleichen sollte man Belohnungen deshalb nie.

Dieser Effekt lässt sich nicht nur auf uns Menschen, sondern auch auf unsere Hunde übertragen. Schuld daran ist das kleine Wort »vielleicht«. Ein **MÖGLICHER ERFOLG OHNE GARANTIE** sorgt auch hier für eine höhere Dopaminausschüttung und damit verbunden für eine höhere Motivation.

Dieses Prinzip der gelegentlichen Verstärkung nennt man in der Lernpsychologie **PARTIELLE** oder **INTERMITTIERENDE VERSTÄRKUNG**. Möchte man mithilfe dieser etwas gänzlich Neues erlernen, lässt sich beobachten, dass das Lernen viel langsamer erfolgt. Dafür ist das Erlernte aber deutlich löschungsresistenter als etwas, das durch kontinuierliche Verstärkung erlernt wurde.

Es ist also entgegen vieler Erwartungen gar nicht sonderlich hilfreich, einen Hund, der ein gewisses Verhalten bereits verinnerlicht hat, immer für dieses zu belohnen. Spätestens ab dem Moment, an dem ein Hund verstanden hat, was von ihm erwartet wird, ist es viel sinnvoller, **VON DER PARTIELLEN VERSTÄRKUNG IM TRAINING GEBRAUCH ZU MACHEN** und das Verhalten somit löschungsresistenter zu machen. Wir schauen uns das im Laufe dieses Kapitels noch einmal genauer anhand eines konkreten Beispiels aus der Praxis an.

Wenn der Hund sich selbst belohnt

Leider tritt nämlich dieser Effekt der partiellen Verstärkung nicht nur bei Belohnungen ein, die **WIR PLANEN**, sondern auch bei Belohnungen, die **DER HUND SICH SELBST VERSCHAFFT.** Hat ein Hund also gelegentlich Erfolg mit Betteln am Tisch, wird seine Motivation und der löschungsresistente Effekt nochmals höher sein, als wenn er immer einen Erfolg mit diesem Verhalten verbuchen könnte.

Das lässt sich auf viele unerwünschte Verhaltensweisen des Hundes übertragen. Möchten wir also, dass unser Hund lernt, ein gewisses Verhalten nicht mehr zu zeigen, müssen wir zwangsläufig darauf achten, dass er damit wirklich absolut keinen Erfolg mehr hat. Der Spruch »Einmal ist keinmal« dient uns in der Hundeerziehung also leider nicht als Orientierungshilfe.

Wir wollen dies zunächst am Beispiel »Den Rückruf aufbauen« verdeutlichen. In Kapitel 6 (ab Seite 108) folgen dann weitere Strategien, die es dir leichter machen werden, auch die partielle Verstärkung im Hundetraining auszuschließen, wenn sie dir keinen positiven Effekt beschert.

Praxisbeispiel Rückruf aufbauen, festigen und absichern

	Trainingsstand	Empfehlenswertes Handeln
Stufe 1	Hund kennt Rückruf noch nicht.	Immer belohnen und das Lernen durch ablenkungsarme Umgebung erleichtern. Nur rufen, wenn der Hund absolut sicher kommen wird.
Stufe 2	Hund kennt Rückruf und versteht, was von ihm verlangt wird.	Ablenkungen einbauen und Kontext verändern (neuer Ort, höhere Reizlage etc.). Kleinschrittig arbeiten, um partielle Verstärkung für »Missachten des Rückrufs« auszuschließen. Immer belohnen.

Praxisbeispiel Rückruf aufbauen, festigen und absichern		
Stufe 3	Hund kennt Rückruf und kann ihn auch unter gewisser Ablenkung leisten.	Partiell für richtiges Verhalten belohnen, um den Rückruf zu festigen und die Motivation des Hundes zu steigern. Auch Variabilität in der Belohnung kann hier hilfreich sein, etwa nur noch in 50 Prozent aller Fälle hochwertig belohnen, manchmal nur mit eher weniger tollem Futter und manchmal nur verbal.
Stufe 4	Hund reagiert in Trainingssituationen zuverlässig auf den Rückruf.	Schwere Ablenkung einbauen, die ein erfolgreiches Umsetzen im Alltag herausfordernd gestalten könnte. Rückruf im Zweifel über das Anwenden von Bestrafung absichern, um partielle Verstärkung auch unter erhöhter Reizlage auszuschließen. Bei erfolgtem Rückruf partiell belohnen.
Stufe 5	Hund reagiert auch unter erhöhter Ablenkung in gestellten Trainingssituationen auf den Rückruf.	Anwenden des Rückrufs im Alltag und in herausfordernden Situationen. Partielle Verstärkung in Bezug auf das Ignorieren des Rückrufs über Strafe oder Management ausschließen und partiell/variabel belohnen.

Zurück zum Anfang

Blicken wir zurück auf das Beispiel zu Beginn dieses Kapitels. Wie könnte der Hund aus Situation 2 (siehe Seite 73) gelernt haben, ganz entspannt an den Ball spielenden Kindern und dem Hund vorbeigegangen zu sein? Vermutlich hat man sich hier **ALLER VIER MÖGLICHKEITEN DER OPERANTEN KONDITIONIERUNG** bedient. So ist es möglich, ein Verhalten dahingehend zu formen, dass ein Hund nicht nur versteht, was er **NICHT TUN** soll, sondern auch, was er **STATTDESSEN TUN** soll. Zusammengefasst bedeutet das: Sowohl positive und negative Verstärkung als auch positive und negative Strafe sind in der Hundeerziehung als Instrumente zu betrachten, die angepasst an Situation und Verhalten gleichermaßen zielführend eingebracht werden können.

Einerseits wurde der Hund vielleicht für die Orientierung an seinem Menschen mit Leckerlis oder verbalem Lob **(POSITIVE VERSTÄRKUNG)** belohnt. Andererseits könnte es sich für den Hund gelohnt haben, bei seinem Menschen abzufragen, ob er in einen Hundekontakt freigegeben wird. Das verrät uns der fragende Blick zu seinem Menschen, als der Hund das Gespann passiert. Hier könnte die Orientierung am Menschen sowie die Abfrage nach einer Erlaubnis belohnt worden sein, indem der Hund in den Kontakt freigegeben und die eingeforderte Orientierung aufgelöst wurde **(NEGATIVE VERSTÄRKUNG)**.

Sicherlich wird es aber auch passiert sein, dass gewisse Strafen stattgefunden haben. So kann es sein, dass der Hund zuverlässig daran gehindert wurde, eigeninitiativ zu entscheiden, ob er Bälle jagen geht oder zu anderen Hunden hinläuft. Vielleicht hat eine Leine den Erfolg verhindert, als der Hund loslaufen wollte **(NEGATIVE STRAFE)**. Und es könnte außerdem die **PARTIELLE VERSTÄRKUNG AUSGESCHLOSSEN** worden sein, die dafür gesorgt hätte, dass sich unerwünschte Verhaltensweisen etablieren und festigen.

Außerdem wurden hier wahrscheinlich auch **POSITIVE STRAFEN** angewendet. Das kann zum Beispiel ein verbaler Abbruch gewesen sein, als der Hund ungefragt irgendwo hinstürmen und die Orientierung an seinem Menschen selbstständig auflösen wollte. Genauso kann es sein, dass der Mensch den Hund körpersprachlich ausgebremst hat, als dieser loslaufen wollte, und ihn so am Erfolg gehindert hat.

Positive Strafen führen im Allgemeinen dazu, dass die Motivation, ein gewisses Verhalten zu zeigen, im Hund sinkt und somit auch der Erregungszustand. Aus dieser eher niedrigen Erwartungshaltung resultiert nicht selten auch Entspannung.

Wichtig ist hierbei zu erwähnen, dass Strafen immer so eingebracht werden müssen, dass ein Hund sie **UNMITTELBAR MIT SEINEM VERHALTEN** verknüpfen kann. Will ein Hund beispielsweise einfach ungefragt zu einem Artgenossen laufen, ist es wichtig, ihn sofort zu unterbrechen und daran zu hindern. Dafür hat man eine halbe Sekunde bis zwei Sekunden Zeit. Hier ist **SCHNELLE HANDLUNGSFÄHIGKEIT** gefragt. Nachträgliches Schimpfen, nachdem der Hund weggelaufen ist oder gar zu einem zurückkommt, ist nicht nur sinnlos, sondern auch unfair. Der Hund würde in dem Moment gestraft werden, in dem er zu seinem Menschen zurückkehrt – er könnte keinen Bezug zu seinem vorherigen Handeln herstellen. Auch das Geschimpfe, das keine Verhaltensänderung bewirkt, ist nicht hilfreich, sondern führt vielmehr dazu, dass der Hund sich daran gewöhnt. Das Resultat: schroffe Umgangsformen, schlechte Stimmung und ein abgestumpfter Hund.

Eine Strafe sollte, ebenso wie eine Belohnung, vom Hund auch als solche empfunden werden und im besten Fall sofort zu einer Verhaltensänderung führen. Andernfalls ist es sinnvoller, lieber nichts zu tun und den Hund einfach über Management an einem Erfolg zu hindern. Wie wir es schaffen, unseren Hunden faire Grenzen zu setzen, die für ein entspanntes Miteinander sorgen, erfährst du im Kapitel 8 (ab Seite 138).

FAZIT

- Nicht gezeigtes Verhalten kann nicht belohnt werden.
- Du kannst also deinen Hund nicht dafür belohnen, dass er NICHT zu einem anderen Hund gelaufen ist.
- Um ihm das beizubringen, wirst du um Strafen im Training nicht herumkommen.

BEZIEHUNGSGESCHICHTEN

Wir blicken an dieser Stelle noch einmal auf die Beziehung zwischen Mensch und Hund, da sie einen nicht unwesentlichen Anteil an der Erziehung des Hundes hat. Keine Sorge! Hier geht es nicht um Dominanz und Alpha-Gebrabbel, sondern darum, dass du als Hundehalter:in die Person bist, der sich der Hund gern anschließt – in schönen, sehr stressigen oder gar gefährlichen Situationen. Es geht also darum, die Person für deinen Hund zu sein, deren Regeln du – stündest du an seiner Stelle – befolgen würdest, auch wenn sie dir nicht gefielen.

Die Mensch-Hund-Beziehung

In Kapitel 4 (ab Seite 38) hast du bereits etwas über die Rolle des Hundes in unserer Gesellschaft erfahren. Auch das hat viel mit der Beziehung zu tun, die wir als Menschen mit unseren Hunden pflegen. Besonders das Wissen darum, dass wir **NICHT IN SYMMETRISCHEN BEZIEHUNGEN** (siehe Seite 143) mit ihnen leben, ist wichtig zu berücksichtigen. Manchmal scheitern wir in der Hundeerziehung an Problemen nicht aufgrund des Trainings, sondern weil innerhalb der Beziehung zu unserem Hund noch gewisse Unstimmigkeiten herrschen.

Das darfst du auf keinen Fall wertend verstehen. »Unstimmigkeiten in der Beziehung« bedeuten nicht, dass du keine gute Bezugsperson für deinen Vierbeiner bist oder kein:e wertvolle:r Bindungspartner:in. Es bedeutet lediglich, dass das Rollenverhältnis, in dem du mit deinem Hund zusammenlebst, nicht vorteilhaft für die Veränderung der unerwünschten Verhaltensweisen deines Hundes ist.

Klar kommunizieren

Hast du dir schon einmal Gedanken darüber gemacht, wie oft du am Tag Dinge zu deinem Hund sagst, die überflüssig sind? Wie oft bittest du eine Freundin oder einen Freund, dir beispielsweise etwas von der an-

deren Tischseite zu geben? Würdest du deine Bitte ohne Verwunderung vier-, fünfmal wiederholen, wohlwissend, dass deine Freundin oder dein Freund gehört hat, was du gesagt hast? Sicherlich nicht, oder? Warum dann bei deinem Vierbeiner?
Häufig erleben wir es, dass Menschen viel zu oft Dinge wiederholen, die sie dem Hund bereits gesagt haben – ohne dass es eine Reaktion hervorruft. Auch wir ertappen uns dabei und ärgern uns dann über uns selbst. Diese Art der Kommunikation tut der Beziehung, in der wir zu unseren Hunden stehen, nicht gut. Wir wirken dann inkonsequent, unbeständig, desinteressiert, hektisch, nicht durchsetzungsfähig und widersprüchlich. Sind das die Charaktereigenschaften, die gute Entscheidungsträger mit sich bringen? Vermutlich nicht. Eher sollten wir selbstsicher, zielstrebig, loyal, gelassen, transparent und konsequent sein.

Wir Hundehaltenden müssen jederzeit, überall und ausnahmslos für den Schutz unseres Hundes sorgen. Wir sind verpflichtet, uns immer um sein gesundheitliches Wohl und eine gute Ernährung zu kümmern. Wir müssen unseren Hund von Herzen lieben und immer in seinem Sinn handeln.

Ebenso müssen wir uns fortbilden, um unseren Vierbeiner besser zu verstehen, und wir müssen ihm seinen Wohnort so einrichten, dass er sich wohlfühlen kann. Kein Problem, sagst du. Wir erinnern daran: »{…} Wir müssen unseren Hund von Herzen lieben und immer in seinem Sinn handeln.« Damit ist nicht gemeint, dass mein Vierbeiner in jeder Situation seinen Willen bekommt. Das wäre zu kurzfristig gedacht. Die langfristige Lebensqualität steht hier an vorderster Stelle.
Wir verstehen es als unsere Pflicht, einem Lebewesen, das wir gezwungenermaßen in unser Leben geholt haben, das **MAXIMUM AN FREIHEITEN** zu gewähren. Doch dazu ist es unbedingt notwendig, dass der Hund gewisse Grenzen **KENNT UND EINHÄLT**, und auch wir eine **GOLDENE REGEL** beherzigen:

Die goldene Regel lautet:

» Alles, was im Alltag nicht verboten ist, ist erlaubt.
» Alles, was verboten ist, ist indiskutabel.

Diese Regel gilt es zu berücksichtigen. Anders ist es nicht möglich, einem opportunistischen Tier mit eigenen Bedürfnissen in unserer menschengemachten Welt großartige Freiheiten einzuräumen. Was nun aber, wenn der Hund unsere Regeln **NICHT BEFOLGEN** möchte?

Das Eisbergmodell

Wir müssen uns das Privileg aneignen, das es uns ermöglicht, über **JENE SITUATION ZU ENTSCHEIDEN**, die zu Konflikten und Stress in unserem Alltag führt. Dieses Privileg wird oftmals gar nicht in der Konfliktsituation selbst entschieden, sondern in vielen kleinen Momenten im Alltag, die uns manchmal gar nicht so bewusst sind.
Sicher ist dir schon einmal aufgefallen, dass dein Hund eine deiner Regeln nicht so genau befolgt hat, als du abgelenkt – zum Beispiel auf einem Spaziergang mit Freunden – warst. Hunde sind feine Beobachter. Sie beobachten uns immer und ziehen ihre Schlüsse daraus. Dabei müssen wir im Alltag so auftreten, dass wir aus Sicht unseres Vierbeiners die Position in der Familie innehaben, über Grenzen und Privilegien der einzelnen Mitglieder zu entscheiden. Das funktioniert aber nicht nur in den Situationen, in denen der Hund von uns unerwünschte Verhaltensweisen zeigt. Wir müssen ganzheitlich und stringent eine handlungsfähige, konsequente Person für das Tier darstellen, andernfalls könnte der Hund unsere Anweisungen schlichtweg deshalb nicht befolgen, weil er uns nicht in der Position des Entscheiders sieht.
Verdeutlichend lässt sich dieses anhand eines der bekanntesten Kommunikationsmodelle beschreiben, dem Eisbergmodell. Es ist eines von vielen Modellen, die die **VERSCHIEDENEN SEITEN DER MENSCHLICHEN KOMMUNIKATION** beleuchten. Es besagt, dass mindestens 80 Prozent der menschlichen Kommunikation unterbewusst ablaufen und nur 20 Prozent auf der Sachebene. Es gibt sogar Vermutungen, die darauf hindeuten, dass sich der Anteil im Unterbewusstsein auf bis zu

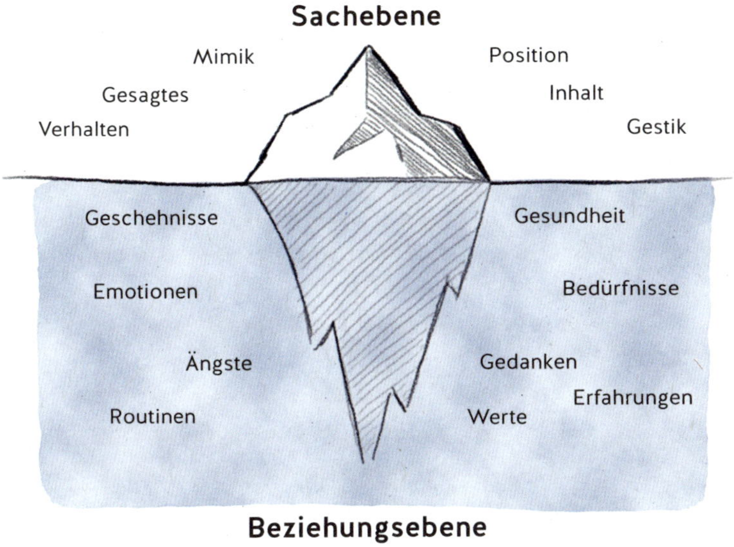

95 Prozent belaufen könnte. Damit ist gemeint, dass alles, was wir im Alltag an Erfahrungen mit einer Person sammeln, wie wir uns im Allgemeinen verhalten, was für Entscheidungen wir treffen, wie wir uns präsentieren und was wir für Routinen pflegen, in **UNSERE KOMMUNIKATION** mit einfließt. Das gilt auch für den Umgang mit dem Hund.

Prioritäten vermitteln

Viele Hunde werden umgehend gestreichelt und angefasst, sobald sie den Kontakt mit ihrem Menschen suchen – nicht nur ab und zu, sondern jedes Mal, ungeachtet dessen, ob man sich gerade mit einer anderen Person unterhält oder einer anderen Tätigkeit nachgeht. »Warte bitte einen Moment, ich unterhalte mich gerade«, würde man zu einem Kind sagen, das im Gespräch ständig dazwischenreden möchte. Es bedeutet kein »Nein«, das für alle Zeiten gilt. Es bedeutet lediglich »Jetzt gerade nicht«. So etwas zeugt nicht zuletzt auch davon, dass wir **PRIORITÄTEN SETZEN** und uns selbst wichtig nehmen. Das heißt allerdings nicht automatisch, einen anderen weniger wichtig zu nehmen.
Wir würden es nicht als große Zurückweisung empfinden, wenn uns jemand für einen Moment vertröstet. »Hast du fünf Minuten Zeit? Ich bin

gerade noch beschäftigt und kann mich parallel nicht so gut auf unser Gespräch konzentrieren. Ich rufe gleich zurück.« Wenn wir nach diesen fünf Minuten dann den Rückruf und ungeteilte Aufmerksamkeit erhalten, empfinden wir diesen Umgang als deutlich wertschätzender. Man erfährt ehrliche Aufmerksamkeit von jemandem, der **KLARE PRIORITÄTEN SETZEN** kann. Man selbst ist eine davon.

Unsere Hunde hingegen bekommen viele flüchtige Tätscheleien und halbherzige Berührungen. Doch wenn wir unsere Kund:innen im Hundetraining fragen, wann sie ihren Hund zuletzt 20 Minuten am Stück gestreichelt haben, ohne dabei fernzusehen, sich mit jemandem zu unterhalten oder einer anderen Tätigkeit nachzugehen, schauen wir nicht selten in ertappte Gesichter. Für unsere Hunde gilt in der Regel: **QUALITÄT DER AUFMERKSAMKEIT VOR QUANTITÄT.**

Probier das mal aus. Setz dich mit deinem Hund zusammen, ohne am Handy zu spielen, fernzusehen oder dich von anderen Dingen ablenken zu lassen, und stelle einen Wecker auf 20 Minuten. Du wirst sehen, dass es eine ganz schön lange Zeit ist. Beobachte, wie dein Hund sich in dieser Zeit auf dich einlassen kann und umgekehrt du dich auf ihn.

Quality Time mit dem Hund

»Ja, ich sollte meinen Hund wohl häufiger mal ignorieren«, heißt es, wenn wir in unseren Beratungen darauf hinweisen, wie oft der Hund während des Gesprächs mal hier, mal da angefasst wurde. Aber es geht hier gar nicht darum, den Hund krampfhaft zu ignorieren, sondern vielmehr darum, sich selbst und das, was man tut, wichtig zu nehmen und Prioritäten zu setzen. Das macht uns zu Menschen, die in den Augen unserer Hunde **ORIENTIERENSWERT** sind.

Stell dir vor, du sitzt auf dem Sofa mit einer Schüssel Chips auf dem Schoß. Es soll ein gemütlicher Fernsehabend werden, auf den Film freust du dich schon seit Langem. Heute ist es endlich so weit, doch dann schauen dich die Kulleraugen deines Hundes sehnsüchtig an. Du holst ihn mit auf das Sofa. Sabbernd liegt er nun neben dir und macht es dir unmöglich, in deiner Lieblingsposition auf der Couch zu liegen. Nach ein paar Minuten streckt er alle Pfoten von sich und schläft selig ein – zu deinem Nachteil, denn nun pieksen dir seine Krallen in die Seite.

Ehrliche Zuneigung setzt nicht voraus, dass wir im Alltag ununterbrochen für unsere Hunde verfügbar sind. Wir dürfen uns auch Zeit für uns selbst nehmen.

Eigentlich hätte es ein bequemer Abend auf dem Sofa werden sollen!

Vielleicht ist diese Situation etwas zugespitzt, aber im Grunde zeigt sie gut, wie oft wir all unsere eigenen Bedürfnisse und Prioritäten denen des Vierbeiners unterordnen. Wir brauchen dem Tier nicht zu sagen, dass es sich fünf Minuten gedulden soll. Es versteht Kommunikation auf dieser Ebene nicht. Dem Hund kann man lediglich durch das eigene Handeln deutlich machen, ob man gerade Zeit für ihn hat oder nicht. Wenn wir besipielsweise in einem Termin sind, uns unterhalten oder konzentriert arbeiten, wissen unsere Hunde, dass wir gerade **KEINE ZEIT** für sie haben. Sie wissen das und verhalten sich in solchen Situationen einfach unauffällig. Beenden wir eine Tätigkeit, suchen sie nicht selten den Kontakt zu uns oder umgekehrt wir zu ihnen. Es geht hier nicht um »weniger«, es geht um »qualitativ besser«. Damit meinen wir nicht dauernde Ansprachen und Erwiderungen, nicht halb ernst gemeinte Entscheidungen. Wir sprechen von **KLAREN ENTSCHEIDUNGEN, BEWUSSTEM HANDELN** und einem Auftritt, der uns zu einer **GLAUBHAFTEN PERSON** macht, die liebevoll und ehrlich ist – selbst wenn das bedeuten kann, dass man kurzfristig »nicht erreichbar« ist.

Deutlich erkennen lässt sich dieses Verhalten auch bei vielen erwachsenen Hunden, die auf Junghunde treffen. Die Junghunde wollen sich häufig »einschleimen«, während die erwachsenen Hunde oft abgegrenzt und mit anderen Dingen beschäftigt sind. Das kann ein Stock sein, auf dem sie gerade herumkauen. Der Junghund wird dabei völlig ausgeblendet. Geht der Junghund dann aus der Situation, erkennt man oft, dass die erwachsenen Hunde die Stöcke einfach liegen lassen und davonspazieren. Es ging nie um den Stock, sondern um die Wichtigkeit des Junghunds und das Aufmerksamkeitsmanagement.

6

»Mach's dir leicht!«

PROFITIPPS RUND UM DIE ERZIEHUNG

Es ist beinahe unmöglich, den ganzen Tag auf das Verhalten seines Hundes zu achten und Anweisungen zu geben. Das ist aber auch gar nicht nötig. Ein planvoller, strukturierter Umgang mit Regeln und Grenzen sowie der eine oder andere Kniff können uns dabei helfen, den Alltag mit dem Vierbeiner konfliktfreier zu gestalten.

SICH DEN ALLTAG MIT HUND ERLEICHTERN

Wenn wir Hunde in unser Leben holen, dann gestalten wir auch einen völlig neuen Alltag für sie. Wer jedoch von Beginn an planvoll an die Eingliederung des Hundes in die soziale Gruppe und die Erziehung herangeht, hat viele Vorteile. So können Regeln gleich von Anfang an klar aufgestellt werden, und der Vierbeiner kann sich daran orientieren.

Wer zum Beispiel partout nicht möchte, dass der Hund auf das Sofa springt, sollte dies von Anfang an so kommunizieren und durchsetzen. Auf diese Weise lernt der Hund gleich vom ersten Tag an: Dieses Möbelstück ist tabu. Wer erst nach zwei Jahren versucht, dem Hund das Liegen auf dem Sofa abzugewöhnen, wird es deutlich schwerer haben.
Nun werden sicher nicht alle Leser:innen dieses Buches vor der Anschaffung ihres Vierbeiners zu unserem Ratgeber gegriffen haben. Die gute Nachricht: Das ist nicht schlimm. Hunde sind erstaunlich **ANPASSUNGSFÄHIG**, und wir können häufig selbst eingefahrene Verhaltensweisen ändern. Doch hierzu braucht es die gute alte **KONSEQUENZ**.

Konsequent sein heißt fair sein

In der Hundeerziehung wird Konsequenz oft verwechselt mit Strenge oder Härte. »Der braucht eine konsequente Erziehung« wird dann über Hunde gesagt, die zu »Problemverhalten« neigen. Doch Konsequenz bedeutet in diesem Fall nichts anderes als **SCHLÜSSIGKEIT** oder **FOLGERICHTIGKEIT**. Ist etwas folgerichtig oder schlüssig, könnte man auch sagen, dass es logisch ist. Wenn wir vom Hund erwarten, dass er uns versteht, müssen wir **AUS SEINER SICHT LOGISCHE DINGE** tun. Denken wir an die Kommunikationsmodelle zurück (siehe Seite 53) und halten uns vor Augen, dass der Hund der Empfänger unserer Signale ist. Senden wir aus Sichtweise des Hundes unschlüssige, unlogische Signale, wird er es schwer haben, nach unseren Wünschen zu handeln.

Keine Ausnahmen von der Regel

Im Beispiel mit dem Sofa könnte das etwa bedeuten, dass wir manchmal keine Lust oder Zeit für die Erziehung unseres Hundes haben. Stellen wir uns folgende Situation vor: Du befindest dich im Homeoffice und holst dir während eines geschäftlichen Telefonats einen Kaffee. Auf dem Weg vom Büro in die Küche bemerkst du, dass dein Hund auf dem Sofa liegt, obwohl du das eigentlich nicht duldest. Während des Gesprächs möchtest du aber deinen Hund nicht erziehen, und so läufst du kommentarlos an ihm vorbei. Fünf Minuten später – das Telefonat ist beendet – kommst du mit der Tasse Kaffee in der Hand aus der Küche und gehst zurück an den Schreibtisch. Wieder kommst du am Hund vorbei, aber nun motzt du ihn an, dass er sofort vom Sofa runtergehen soll. Für dich ist es schlüssig, dass du dich während eines Geschäftsgesprächs nicht mit Hundeerziehung beschäftigen möchtest. Für deinen Hund aber ist diese Vorgehensweise vollkommen unlogisch. Dein Verhalten ist **INKONSISTENT**, weil du eine Regel manchmal durchsetzt und manchmal nicht. So wird es dein Hund schwer haben, diese Regel – wann ist das Sofa erlaubt und wann nicht – zu verstehen.

Wenn du dir für den Alltag also ein bestimmtes Verhalten vom Hund wünschst (in diesem Fall nicht selbstständig auf das Sofa springen), dann musst du immer dann, **UND ZWAR AUSNAHMSLOS**, eingreifen, wenn er dieses Verhalten zeigt.

Es gibt auch »einfache« Hunde

Wie wir gesehen haben, gibt es eine Menge verschiedene Hundetypen und so sehr sie sich im Aussehen unterscheiden, so unterschiedlich sind sie auch in ihrem Wesen und Charakter. Es gibt »einfache« Hunde, denen man einmal klar und deutlich sagt, dass sie etwas unterlassen sollen, und sie zeigen diese Verhaltensweise nie wieder. Selbst dann nicht, wenn man als Mensch gar nicht in der Lage wäre, diese Regel durchzusetzen. Und dann gibt es Hunde, die testen jeden Tag aufs Neue, ob heute vielleicht nicht doch eine Ausnahme gemacht werden kann. Die Erziehung ist natürlich leichter, wenn wir einen Hund haben, der uns und unsere Regeln kaum oder nur selten infrage stellt, denn in diesem Fall benötigt die Erziehung sehr viel weniger Aufmerksamkeit.

Checkliste für die Erziehungsregeln

Damit wir im Sinne unseres Hundes logisch – also konsequent – handeln, ist es vor allem für uns selbst sehr hilfreich, wenn wir für unsere Regeln, die wir unbedingt aufstellen wollen, eine Checkliste anfertigen. Sie sieht folgendermaßen aus:

1. Wie wichtig ist dir die Regel?

Jeder Mensch hat unterschiedliche Vorstellungen davon, welche Verhaltensweisen der Hund zeigen sollte. Einigen ist es wichtig, dass der Hund beim Abendessen der Familie nicht im Esszimmer ist, andere legen mehr Wert darauf, dass der Hund nicht ins Schlafzimmer geht. Viele Menschen achten darauf, dass der Hund Sitz macht und auf eine Freigabe wartet, bevor er an seinen Napf darf. Andere stellen dem Hund sein Fressen permanent zur Verfügung, aber setzen durch, dass der Vierbeiner nicht aufs Bett springt.

Nicht alle Regeln müssen gleich schon von Beginn an für den Hund aufgestellt werden. Einige jedoch haben absolute Priorität, wie etwa die Beißhemmung und das Abwenden der Zerstörung von Einrichtungsgegenständen.

Unsere Ansprüche an unsere Hunde sind so verschieden wie unsere Lebenssituationen – und das ist auch völlig in Ordnung. Dennoch ist es sehr schwierig für uns, alle Regeln, die wir uns für das Zusammenleben mit dem Hund wünschen, gleichzeitig aufzustellen und durchzusetzen bzw. alle störenden Verhaltensweisen unseres Hundes gleichzeitig abzuschalten.

Wenn du nun also deine eigenen Regeln in Listenform aufschreibst, gewinnst du einen besseren Überblick über die Wichtigkeit einzelner Verhaltensweisen und kannst planvoll an die Erziehung herangehen. Der Grund: Bei manchen Dingen ist es wichtig, sie besser früher als später anzugehen. Als Beispiel wäre hier die **BEISSHEMMUNG** des Hundes zu nennen, die besonders

gut in den sensiblen Phasen der Welpenzeit gelernt wird. Viele Dinge lassen sich in jeder Lebensphase des Hundes gut trainieren, die Beißhemmung jedoch nicht, sie bildet eine Ausnahme und muss sehr zeitig im Welpenalter ausgemerzt werden.
Weiterhin müsste berücksichtigt werden, dass der Hund **GEWISSE DINGE SINNVOLLERWEISE VOR ANDEREN LERNEN** sollte. Stellen wir uns vor, der Hund soll auf seine Decke gehen, wenn es klingelt, und dort warten, bis du ihn wieder freigibst. Natürlich wäre es in diesem Fall einfacher, im **ERSTEN SCHRITT** ein sicheres Deckenkommando aufzubauen. Dabei wird geübt, dass der Hund auch ohne Ablenkung dort warten kann, bis du ihn freigibst. Erst im zweiten Schritt kommen unterschiedliche Ablenkungen hinzu, bis der Hund letztendlich das Kommando sicher beherrscht.

Kommandos, Grenzen oder Regeln nach Schwierigkeitsgrad anzugehen – von leicht nach schwer – ist ein wesentlicher Teil von planvoller Hundeerziehung.

2. Kannst du die Regel immer durchsetzen?

Im Kapitel »Wie Hunde lernen« (ab Seite 72) haben wir uns ausgiebig mit der partiellen Verstärkung und all ihren positiven und negativen Effekten beschäftigt. Gerade wenn es um das Durchsetzen von Grenzen und Regeln geht, kann uns die partielle Verstärkung einen ordentlichen **STRICH DURCH DIE RECHNUNG** machen. Sobald der Hund nur ab und zu mit seiner Verhaltensweise Erfolg hat, kann dies dazu führen, dass er für seine Hartnäckigkeit belohnt wird und demzufolge immer wieder versucht, durch dieses Verhalten an sein Ziel zu kommen.
Ein Beispiel hierzu: Du trainierst mit deinem Hund, dass er kein Essen vom Tisch stibitzt. Wenn du dann duschen gehst, während noch ein Brötchen auf dem Wohnzimmertisch liegt, kannst du nicht sehen, ob und wann dein Hund versucht, deine Regel (»Es wird kein Essen geklaut.«) zu brechen. Du kannst weder verhindern, dass der Hund mit

einem von dir unerwünschtem Verhalten zum Erfolg kommt, noch kannst du deinen Hund zeitlich sinnvoll bestrafen. Denn wenn du aus der Dusche kommst und das Tier dann erst dafür maßregeln würdest, dass es Essen vom Tisch genommen hat, hat es keine Chance mehr, die Strafe mit dem Verhalten »Essen klauen« zu verknüpfen.
Besser wäre es in diesem Fall, das Brötchen wegzulegen, sodass der Hund nicht herankommt, oder durch andere Maßnahmen zu verhindern, dass er Erfolg hat. Zum Beispiel könntest du deinen Vierbeiner aus dem Wohnzimmer holen und die Tür schließen oder ihn irgendwo anbinden, sodass er den Tisch nicht erreicht. Wir sprechen in solchen Fällen von **MANAGEMENT**.
Management ist also **KEINE ERZIEHUNG**, weil wir weder Regeln noch Grenzen aufstellen oder durchsetzen. Es ist aber auch **KEIN TRAINING**, weil der Hund hier nichts Bestimmtes leisten muss, um eine Belohnung zu bekommen. Es handelt sich schlicht darum, einem möglicherweise auftretenden **PROBLEM AUS DEM WEG ZU GEHEN** (Tür zusperren) bzw. den Erfolg des Hundes durch unerwünschtes **VERHALTEN ZU VERHINDERN** (Hund so anbinden, dass er nicht ans Brötchen kommt).

3. Zunächst üben, dann erst im Alltag anwenden

Die Lerntheorie ist die Grundlage planvoller Hundeerziehung. Um partielle Verstärkung, viel Frust bei Mensch und Hund sowie Misserfolge zu verhindern, wollen wir die meisten **REGELN UND KOMMANDOS ERST EINMAL ÜBEN**, bevor wir sie im »echten Leben« einsetzen. Der Vorteil ist, dass eine bestimmte Trainingssituation beliebig oft wiederholt werden kann, weil in der Regel alle vorhandenen, potenziell als Ablenkung fungierenden Reize unter Kontrolle sind.
Ein Beispiel: Wenn du dein »Nein« trainierst, sobald dein Hund auf dem Spaziergang stark zieht, weil er zu einem Artgenossen laufen will, kann es passieren, dass er nicht auf dein Kommando reagiert. In diesem Fall bestrafst du ihn, weil er deine Anweisung nicht beachtet hat. Wäre dies während einer Übungseinheit passiert, würdest du die Situation wiederholen. So kannst du überprüfen, ob dein Hund das Richtige gelernt hat (»Wenn ich nicht auf nein höre, werde ich bestraft.«), und gibst ihm die Chance, es besser zu machen. Auf einem Spaziergang hat man selten die

Gelegenheit, eine solche Situation zu wiederholen, weil die anderen Menschen mit ihren Vierbeinern weitergehen. Dann hast du keine Gewissheit darüber, was dein Hund in dieser Situation gelernt hat, und so ist es auch schwierig, Fortschritte in der Hundeerziehung zu erzielen.

Die Alternative sieht so aus, dass das Nein zunächst in einer gestellten Situation mit wenig Ablenkung – etwa im Beisein bekannter, vertrauter Hunde – geübt wird. Erst nachdem dies ausreichend oft und in verschiedensten Situationen geübt wurde, kommt das Nein im Beisein fremder Hunde zum Einsatz. So gehst du sicher, dass dein Vierbeiner auch bei höherer Ablenkung (fremder Hund) weiß, was du von ihm erwartest. Genauere Details zum planvollen Trainingsaufbau siehe Seite 148.

Die gute Leinenführigkeit ist für viele Menschen ein zentraler Wunsch im Hundetraining. Oft müssen wir sie – gerade in aufregenden Situationen – zurückstellen, weil sie für den Hund noch zu schwer ist.

»Wir können das noch nicht!«

Alex' eigener Hund hat zehn Jahre lang auf der Straße fremde Menschen und Hunde angebellt, und Alex hat ziemlich lange recht erfolglos versucht, dieses Verhalten in den Griff zu bekommen. Daher kann er sich gut in Hundehalter:innen hineinversetzen, denen es unangenehm ist, dass ihre Vierbeiner gewisse Verhaltensweisen an den Tag legen, mit denen wir als Menschen weniger zufrieden sind. Besonders schwer wird es, wenn die Hunde in der Öffentlichkeit Verhalten zeigen, das **GESELLSCHAFTLICH NICHT ANERKANNT** ist. Andere Hunde und Menschen anzubellen gehört definitiv dazu, aber auch starkes Ziehen an der Leine, Kot auf dem Bürgersteig absetzen oder ein schlechter Rückruf sollten an dieser Stelle genannt werden.

Die **BELASTUNG**, die Menschen erfahren, weil sie sich von ihren Mitmenschen beobachtet und bewertet, vermeintlich auch verurteilt, fühlen, ist enorm. Immer wieder spielt dieses Thema in unseren Beratungen eine große Rolle. Menschen wollen nicht unangenehm auffallen und würden viel lieber im Erdboden versinken, als offen zu bekunden: **»SEHT HER. DAS SIND WIR. DAS KÖNNEN WIR NICHT!«** Doch gerade dieser Satz ist so wohltuend, wenn man ihn verinnerlicht hat.

Alex hat es richtig gut getan, als er seinen Vierbeiner endlich als das akzeptiert hat, was er ist: eben ein Hund! Hunde bellen. Manche Hunde bellen auch fremde Menschen und Artgenossen an. »Wir sind noch nicht so weit, als dass wir es unterlassen könnten« und das ist völlig in Ordnung.

Verhalten ist komplex

Viele Faktoren wirken auf die Entscheidungen, die ein Hund fällt, ein. Manchmal können wir als Menschen tatsächlich gar nichts für das Verhalten unserer Hunde. In der Pubertät beispielsweise stellen die hormonellen Achterbahnfahrten ganz schön verrückte Dinge mit unseren Vierbeinern an. In diesem Lebensabschnitt kommt es beispielsweise auch vor, dass sich das Verhalten eines Hundes vom einen auf den anderen Tag komplett ändert, ohne dass irgendetwas Bestimmtes, das die Verhaltensänderung erklären könnte, vorgefallen wäre.

Die Crux mit den sozialen Medien

Soziale Medien tragen einen großen Teil dazu bei, dass Menschen sich und die Fähigkeiten ihrer Hunde miteinander vergleichen. Wir alle wissen aber doch, dass wir selbst auswählen, was wir ins Netz stellen. Und da präsentieren wir natürlich **NUR DAS BESTE VON UNS**.
Im echten Leben kann niemand mit der Scheinwelt von Instagram und Co. konkurrieren. Sich von den Postings im Internet und den Meinungen anderer Menschen abzugrenzen kann sehr gesund sein. Doch leichter gesagt als getan! Wir können nicht einfach einen Schalter in uns umlegen und völlig entspannt darauf reagieren oder es ignorieren, was andere Menschen über uns denken oder sagen könnten. Es ist ein Prozess, eine fortlaufende Entwicklung, die nicht von jetzt auf gleich vorüber ist.

Alex hat bei der Akzeptanz der Verhaltensweisen seines Hundes geholfen, dass er **MEHR ÜBER VERHALTEN UND HUNDEERZIEHUNG** gelernt hat. Als er verstanden hatte, wie das planvolle Training mit seinem Hund aussieht und wie er die für ihn so nervigen Verhaltensweisen später noch angehen würde, konnte er es auch selbst mit größerer Gelassenheit sehen. Und diese Gelassenheit brachte ihn auf seinem Weg mit dem Hund nochmals einen großen Schritt nach vorn. Alex hatte plötzlich keine Angst mehr vor Fehlern – davor, was andere von ihm denken, wenn sein Hund an der Leine laut bellend durch das Wohngebiet lief. Er blieb dabei wesentlich entspannter, was sich wiederum ein Stück weit auch auf seinen Hund übertrug. Profitiert davon haben letztlich alle beide.

AUF EINEN BLICK

- Konsequenz ist das Zauberwort, das maßgeblich dazu beiträgt, dass der Hund uns versteht. Nur wenn wir in unseren Regeln und Kommandos unmissverständlich klar und konsequent sind, kann der Hund begreifen, was wir von ihm wollen und was nicht.
- Der Hund sollte die Regeln nicht alle gleichzeitig lernen müssen, sondern eine nach der anderen in einer sinnvollen Reihenfolge.
- Kommandos und Regeln übt man am besten zunächst in einer reizarmen Umgebung, bis sie der Hund verinnerlicht hat. Erst danach ist es sinnvoll, sie auch unter Ablenkung anzuwenden.
- Gesundes Misstrauen gegenüber sozialen Medien schadet nicht. Dort wird viel Schein präsentiert und und vorgegaukelt, dass andere Hunde folgsamer, lernbegieriger und unkomplizierter seien als das eigene Tier. Dies kann unser Selbstwertgefühl massiv herabsetzen.

7

»Lass mal locker!«

ENTSPANNTE ZEIT ZU ZWEIT

Wer sich immer nur mit den Problemen im Zusammenleben mit dem Hund beschäftigt, vergisst die vielen schönen Momente, die wir mit unserem vierbeinigen Liebling erleben. Wenn der Stress, den wir auf den Gassigängen empfinden, alles andere vereinnahmt und überstrahlt, wird es Zeit, bewusst für schöne gemeinsame Momente mit dem Hund zu sorgen.

KONSEQUENTE ERZIEHUNG IST ANSTRENGEND …

Wer sich bereits damit arrangieren musste, dass der eigene Hund nicht immer so »funktioniert«, wie man es sich gern wünscht, wird wissen, wie belastend und anstrengend der Alltag mit dem Vierbeiner teilweise sein kann. Doch wie können wir Abhilfe schaffen und die gemeinsamen Stunden mit unserem Hund wieder freudvoll werden lassen?

Scham und Schuld, Ärger und Wut – all das sind Emotionen, die normal und berechtigt sind. Trotzdem liegt es nicht zuletzt an uns, wie wir mit diesen Emotionen umgehen. Häufen sich Frust und Ärger in uns an, so drohen wir eines Tages zu explodieren. »Nicht schimpfen, ich muss fair bleiben«, lautet das Mantra vielleicht, das wir uns selbst einreden, wenn es mal wieder schwierig wird. Doch was ist, wenn das Maß voll ist? Je mehr wir versuchen, Störendes herunterzuschlucken und je mehr wir uns zusammenzureißen, desto größer ist die Gefahr einer Detonation unserer eigenen Gefühle.

Es ist nicht möglich, im Alltag durchgehend aufmerksam, konsequent und vorausschauend zu handeln. Genauso wenig schaffen wir es, dass wir uns immer und allzeit an die eigenen guten Pläne halten. Vielleicht ist auch unser großer Ehrgeiz im Hundetraining nicht immer sinnvoll. »Wenn du Hundebegegnungen immer aus dem Weg gehst und meidest, wirst du keine Fortschritte erzielen können« – so oder ähnlich klingen die Ratschläge, die man in Kommentarspalten in den sozialen Medien erhält, wenn man dort kundtut, dass man sich gegebenenfalls nicht an eine Herausforderung herangewagt hat.

Dem würden wir grundsätzlich zustimmen, dennoch ist ein stetiger Fortschritt nicht das Einzige, worauf es im Zusammenleben mit unseren Hunden ankommt. Genauso brauchen wir Momente, die uns herunterkommen lassen, uns nicht stressen und uns auch nicht vor Herausforderungen stellen. Mit anderen Worten: Wir brauchen Leichtigkeit!

Schon öfters haben wir es erlebt, das Kund:innen zu uns ins Training kamen und dem Anschein nach beinahe nur noch frustriert vom Zusammenleben mit ihrem Hund waren. »Du musst täglich mindestens zwei bis drei Stunden spazieren gehen«, »Du musst deinen Hund entsprechend seiner Bedürfnisse beschäftigen«, »Du darfst deinen Hund nicht so oft allein zu Hause lassen«, »Dein Hund sollte auf die Couch dürfen«, »Dein Hund sollte nicht auf die Couch dürfen, sonst übernimmt er die Führung«, »Du machst zu wenig«, »Du machst zu viel« und immer so weiter – Ratschläge über Ratschläge und daraus resultierend immer mehr Druck, der auf den Hundehaltenden lastet.

Wir finden, es gibt kaum etwas, das im Hundetraining wichtiger ist als **MOTIVATION**. Doch woher soll sie kommen, wenn wir zunehmend genervt und müde von all unseren Pflichten sind? Es muss doch Mittel und Wege geben, wie wir die Freude am Zusammenleben mit unseren Hunden wahren können und wieder die Motivation erlangen, die Vierbeiner zu erziehen! Schauen wir uns verschiedene Möglichkeiten an.

Gemeinsame Unternehmungen im Wald

Der Wald ist ein Ort, den viele Hundehaltende aufsuchen, um gemeinsame Spaziergänge mit ihrem Vierbeiner zu unternehmen. Doch oft genug gibt es dabei ein Problem, das auch hier nicht selten zu Frust und Ärger führt: Das Tier zieht wie verrückt an der Leine!

Hast du schon einmal darüber nachgedacht, mit deinem Hund in den Wald zu gehen, ohne dabei viel mit ihm zu laufen? Die Zeit mit ihm einfach an einem Ort zu verbringen? Wir können dir diese Art der gemeinsamen Aktivität mit deinem Liebling aus eigener Erfahrung heraus wärmstens empfehlen – wir bezeichnen sie als **SPAZIEREN SITZEN**. Das bedeutet allerdings nicht, dass wir oder unsere Hunde ausschließlich sitzen würden. Wir legen auf diesem Gassigang nur schlichtweg keine großen Strecken zurück.

»Spazieren sitzen« mit dem Hund

Anstatt Kilometer über Kilometer abzuspulen, könntest du Folgendes machen: Such dir einen schönen Ort, an dem du gern 30 bis 60 Minuten verweilen würdest. Hier kannst du unterschiedlichste Dinge mit deinem

Das gemeinsame Verweilen in der Natur kann zu einer erholsamen Routine während der gemeinsamen Spaziergänge werden und fördert gleichzeitig die Frustrationstoleranz und Ruhe des Hundes.

Hund unternehmen, die ohne große Diskussionen auskommen und die es dir erlauben, einfach mal zu entspannen. Die Werkzeuge der Wildnispädagogik lassen sich an gewissen Stellen auch in der Hundeerziehung anwenden. Dazu zählt beispielsweise das regelmäßige Aufsuchen und Verweilen an einem Sitzplatz.
Wähle dafür einen Ort, den du regelmäßig besuchen kannst. Dort sollte im besten Fall nicht allzu viel los und es dir möglich sein, einen längeren Zeitraum ungestört deinem Hund zu verbringen. Glaub mir, die schönsten Verweilplätze finden sich in der Natur und liefern überdies in den verschiedenen Jahreszeiten interessante Beobachtungen.

Den Sitzplatz einrichten

Wenn du einen schönen Platz gefunden hast, geht es darum, dass du dich hinsetzt. Hierfür ist es wichtig zu überlegen, ob und wie lange dein Hund es aushält, eine Weile an diesem Ort zu verbringen und sich nur innerhalb eines kleinen Radius zu bewegen. Ist es möglich, dass er richtig zur Ruhe kommt und ihr für eine längere Weile zusammensitzen könnt? Oder könnte es vielmehr passieren, dass den Hund diese Situation frustriert oder langweilt? Sucht er sich vielleicht anderweitig eine Beschäftigung, indem er buddelt, an Stöcken nagt oder unruhig quengelt?
Sollte Letzteres der Fall sein, ist es ratsam, das »Ruhen und Verweilen« mit dem Hund zu üben. Vielleicht kennt dein Hund schon den »Fuß auf der Leine«? Davon könntest du nun profitieren und bei euren ersten Sitzeinheiten im Wald deinen Fuß auf die Leine stellen. Außerdem ist es sinnvoll, vorab größere Äste und andere, für den Hund essbare Dinge, die man nicht oder nicht in größeren Mengen im Vierbeiner wissen möchte, vom Boden zu entfernen. Während der Ruhephasen können Reize, die im Laufe des Spaziergangs auf den Hund einprasseln, besser verarbeitet werden.

Gerade für Welpen und Junghunde, aber auch für Tiere, die es noch nicht gut aushalten können, für eine kurze Weile nur herumzusitzen, kann es hilfreich sein, ihnen Beschäftigung durch einen Kauartikel anzubieten. So kommen sie ihrem Bedürfnis, der eigenen Energie Raum zu verschaffen, nach, und wir wissen am Ende, was sie »intus« haben.
Sollte der Hund nach dem Kauen anfangen zu winseln, andere Dinge vom Boden zu fressen oder Ähnliches zu machen, ist es ratsam, einen Moment abzuwarten, in dem der Hund gerade nichts frisst oder kurz Ruhe hält, und dann die Sitzplatzsession zu beenden.
Ist der Hund mit der Situation nicht überfordert, kann man auch einfach mal eine Weile abwarten und schauen, ob er im Lauf der Zeit zur Ruhe kommt. Das Bewältigen moderaten Stresses wirkt sich positiv auf die allgemeine Resilienz des Hundes aus und hilft ihm langfristig, auch in schwierigen Situationen die Ruhe zu bewahren. Hierbei ist die eigene Abgrenzung Gold wert. Wenn wir nur dasitzen und nichts anderes tun, als an den Hund zu denken, hilft es auch nicht, wenn wir uns dabei bemühen, ihn nicht anzusehen. Wir brauchen also Ablenkung. So könnten wir beispielsweise etwas lesen, die Umgebung fotografieren, den Verlauf der Jahreszeiten an dem Ort dokumentieren, zeichnen oder selbst etwas essen. Es gibt viele verschiedene Aktivitäten, denen man nachgehen kann, während man sich ausschließlich an diesem einen Ort aufhält. Je stärker sie uns in den Bann ziehen, desto besser können wir uns auf uns selbst konzentrieren, und unser Hund wird sich durch unsere Abgrenzung schneller beruhigen können.
Wenn du den Sitzplatz zum Abschalten und Entspannen nutzen möchtest, helfen dir folgende Fragen, aus dem täglichen Gedankenkarussell auszusteigen:

Wenn dein Hund draußen nicht sofort abschalten kann, lass dich nicht entmutigen. Einige Hunde brauchen mehrere Wiederholungen, um sich mit der neuen Situation anzufreunden.

- Was hörst du? Welches Geräusch ist am lautesten?
- Was siehst du? Welche Farben hat deine Umgebung?
- Was riechst du?
- Wie fühlt sich der Untergrund an, auf dem du sitzt?
- Wie ist das Wetter heute?

Auf der Insel der Entspannung

Für dich und deinen Hund kann der Sitzplatz zu einer kleinen Insel der Entspannung werden und euch helfen, **FRUST, AUFREGUNG UND KONFLIKTE HINTER EUCH ZU LASSEN**. Der Sitzplatz entfaltet seine volle Wirkung, wenn du ihn regelmäßig aufsuchst, mindestens einmal die Woche. Entwickle eine Routine daraus, damit sich das Gefühl der Entspannung bei deinem Hund klassisch konditionieren kann und er schnell zur Ruhe findet, sobald ihr euren Sitzplatz aufgesucht habt.
Johanna besucht »ihren« Sitzplatz schon seit mehr als zwei Jahren regelmäßig und hat im Lauf der Zeit viel über die Tiere gelernt, die dort leben. Doch auch diese konnten ihre Hunde und sie kennenlernen, und so kommt es nicht selten vor, dass Johanna Rehe in wenigen Metern Entfernung beobachten kann, während sie in aller Seelenruhe fressen und sich kaum von ihr und den Hunden gestört fühlen.

Spielplatz im Wald

Eine andere Alternative, mit dem Vierbeiner gemeinsam eine schöne Zeit in der Natur zu verbringen, ist das Aufsuchen eines ruhigen Ortes, an dem **SPIEL UND SPASS STATTFINDEN**, wo geschnüffelt und über sich hinausgewachsen werden kann.
Eine simple Möglichkeit, den Hund zu beschäftigen, ist es, ihm eine gute Handvoll Kekse auf einer Wiese oder im Laub zu verstecken. Während der aktiven Suche atmen Hunde bis zu 300-mal ein und aus. Wir beschreiben das Suchen von Hunden gern als **GLOBALES AUSLASTUNGSMODELL**, das die Vierbeiner nicht nur geistig, sondern auch körperlich auslastet. Es gibt verschiedenste Aussagen, die darauf anspielen, die Nasenarbeit eines Hundes mit einem normalen Spaziergang zu vergleichen. So wird beispielsweise vielfach propagiert, dass zehn Minuten Nasenarbeit in etwa mit einem einstündigen Spaziergang verglichen

ACHTUNG

Nicht nur bei sehr warmen Temperaturen ist es wichtig, ausreichend frisches Wasser für den Hund dabei zu haben, damit er viel trinken und so seine Nasenschleimhäute feucht halten kann. Diese trocknen während des Schnüffelns sehr schnell aus. Alternativ eignet sich natürlich auch der Aufenthalt an einem Bachlauf oder See.

werden könnte. Unserer Meinung nach ist es schwer, hier einen konkreten Wert zu nennen, da es natürlich einen Einfluss auf die Vergleichbarkeit hat, wie herausfordernd die Suche gestaltet wird.
Dazu sollten ein paar Faktoren mitbedacht werden, so zum Beispiel der Schwierigkeitsgrad der Suche. Schnüffelt ein Hund nach intensiv duftender Fleischwurst oder lassen wir ihn zum Beispiel einen kleinen Stock inmitten des Waldes suchen? Haben wir einen Schäferhund mit einer langen, gesunden Nase oder einen Mops, dem allein das Atmen schwerfällt, ohne dass er dabei etwas suchen muss?
Dies verdeutlicht, dass sich kein pauschaler Wert nennen lässt. Trotzdem können wir bestätigen, dass die Suche nach kleinsten Gegenständen Hunde wirklich mürbe macht – körperlich wie auch geistig. Warum also täglich mehrfach riesige Runden spazierengehen, während der Hund dabei oftmals nervig an der Leine zieht und man kaum Entspannung auf einer gemeinsamen Gassirunde erfährt? Ebenso gut lässt sich ein langer Spaziergang durch **KLEINE AKTIVITÄTEN UMGEHEN**, die den Hund genauso auf seine Kosten kommen lassen und für ein schönes gemeinsames Erlebnis sorgen, das ohne viel Frust auskommt.

Das kann dein Hund draußen suchen:

- kleinere Leckerlis, die wenig geruchsintensiv sind (aus Lunge oder einfachem Trockenfutter)
- größere Leckerlis, die geruchsintensiver sind (aus Pansen oder Fisch)
- Wurst- oder Käsehäppchen
- ein Spielzeug deines Hundes
- einen persönlichen Gegenstand von dir (etwa einen Handschuh)
- einen Tannenzapfen

Die Tannenzapfensuche – Schritt für Schritt

Schauen wir uns an, wie dein Hund lernen kann, einen Tannenzapfen zu suchen, zu finden und zu dir zurückzubringen (siehe Bildfolge rechts). Bei diesem Spiel gilt es, nichts von dem Hund zu erwarten, das er nicht bereits leisten kann. Die Suche nach Tannenzapfen

- fördert die Riechleistung
- verbessert die Impulskontrolle und das sichere »Sitz«
- lastet den Hund geistig wie körperlich aus
- dient dem Stressabbau
- bereitet den meisten Hunden große Freude

So geht's:

1. Lass deinen Hund frontal vor dir sitzen. Du kannst den ausgewählten Tannenzapfen nun vor deinem Hund in deinen Händen reiben und ihn ein wenig spannend machen.
2. Halte dem Hund den Tannenzapfen hin und lass ihn daran schnuppern. Sollte der Hund ihn direkt haben wollen, nimm ihm den Tannenzapfen sanft aus dem Maul. Vermeide es hier bitte, zu schimpfen oder den Hund anderweitig zu bestrafen.
3. Lass den Hund warten, während du den Tannenzapfen vor seinen Augen versteckst. Am Anfang suchst du dir ein Versteck, das nur wenige Meter entfernt und sehr offensichtlich ist. Später machst du die Suche immer schwerer, indem du entferntere Verstecke auswählst.
4. Geh zu deinem Vierbeiner zurück und schicke ihn mit einer ausladenen Geste und motivierenden Worten in die Suche.
5. Sobald dein Hund den Tannenzapfen aufnimmt, kannst du ihn verbal motivieren und gleichzeitig beginnen, dich rückwärts zu bewegen. Dein Hund wird dir nun entgegenlaufen.
6. Tausche den Tannenzapfen gegen ein Leckerli oder lass deinen Hund vor dir sitzen und nimm ihm den Zapfen ab. Belohne ihn dann.

Es gibt sicher Hunde, die einen Tannenzapfen nur ungern ins Maul nehmen. In dem Fall ist es sinnvoll, das Tier den Zapfen nur anzeigen zu lassen. Wir wollen keinen Wettbewerb gewinnen, sondern ohne Zwang und Druck eine schöne gemeinsame Aktivität erleben. Bei dieser Variante belohnst du den Hund dafür, dass er den Zapfen gefunden hat.

1

Mach den Tannenzapfen spannend für den Hund.

2

Präsentiere ihm den Tannenzapfen.

3

Verstecke nun den Tannenzapfen vor dem Hund.

4

Schick deinen Hund auf die Suche.

5

Motiviere und lobe deinen Hund.

6

Tausche den Tannenzapfen gegen die Belohnung.

Gymn-AST-ik für den Hund

Eine weitere Möglichkeit, deinen Vierbeiner kognitiv und körperlich im Wald zu beschäftigen, ist es, seine Motorik zu fördern. Hierfür kannst du deinen Hund **BALANCIEREN** oder über **DICKERE ÄSTE LAUFEN** lassen. Dies fördert sein Körpergefühl und verlangt ihm Konzentration ab. Vor allem das langsame Übersteigen kleinerer Hindernisse schult den Hund in Konzentration und Achtsamkeit und hilft ihm, ein Gefühl für seinen Körper und dessen Beweglichkeit zu erlangen.
Im Wald lassen sich etwa **ELEMENTE DES CAVALETTI-TRAININGS** simpel in den Spaziergang einbauen. Cavalettis oder auch Bodenricks sind Stangen aus Kunstoff oder Holz, die auf niedrige Ständer gelegt oder fest mit diesen verbunden sind. Sie dienen als Hindernisse, die der Hund übersteigen soll. Seine Ursprünge hat das Cavaletti-Training im Pferdesport, es soll das Pferd in seiner Trittsicherheit schulen.
Wir brauchen im Wald zum Glück keine Stangen aus Kunststoff. Alles, was wir brauchen, finden wir direkt vor Ort (siehe Bildfolge rechts).
Dieses Spiel

- fördert die Konzentration
- schult den Gleichgewichtssinn
- hilft beim Muskelaufbau und -erhalt
- baut Kondition auf
- bietet einen schönen Ausgleich zu schnellen Sportarten wie Agility, Joggen etc.

So geht's:

1. Suche dir zunächst zwei Äste, die mindestens 120 Zentimeter lang und so dick sind, dass dein Hund sie als Hindernisse wahrnehmen kann. Lege die Äste parallel zueinander auf eine freie Fläche. Dabei sollte der Abstand ungefähr der Schrittlänge deines Hundes entsprechen, sodass er über die Hindernisse auf dem Boden laufen kann, ohne diese zu berühren.
2. Positioniere deinen Hund sitzend vor den aufgereihten Ästen und stell dich neben ihn. Am besten hältst du deinen Hund an der Leine, sodass er nicht aus der Übung düsen oder sich anderen Dingen widmen kann und du Gefahr läufst, schimpfen zu »müssen«.

1

Reihe mehrere Äste vor deinem Hund auf.

2

Positioniere den Hund neben dir.

3

Führe ihn nun an der Leine über die Äste.

4

Gehe bewusst langsam und konzentriert.

5

Wechsle nach jedem Durchgang die Richtung.

6

Vergrößere den Parcours und absolviere ihn erneut.

3. Führe deinen Hund nun langsam an der Leine über die Hindernisse. Du kannst ihn hierbei körpersprachlich einladen und mit deiner Hand über die Äste führen. Wie du deinen Hund einladen kannst, hast du bereits in der Übung Stop & Go (siehe Seite 58) gelernt.
4. Belohne deinen Hund erst, wenn er noch zwei bis drei Schritte nach dem letzten Ast gegangen ist. So verhinderst du, dass er sich in Erwartung an die Belohnung zu dir wendet und schräg läuft.
5. Wechsle nach jedem Durchlauf die Seite, auf der du deinen Hund über die Äste führst. Auf diese Weise ist sichergestellt, dass die Muskulatur des Vierbeiners gleichmäßig trainiert wird.
6. Wenn dein Hund sicher über die Äste steigt, kannst du weitere Äste mit hinzunehmen und den Parcours länger werden lassen.

Die Schrittlänge deines Hundes entspricht in etwa dem Abstand von Schulter und Vorderpfote oder Hüfte und Hinterpfote. Sofern du ein Geräusch hörst, wenn dein Hund über die Stangen geht, solltest du sie etwas näher nebeneinanderlegen.

Gar nicht so einfach!

Wenn dein Hund auch nach einigen Wiederholungen auf die Äste tritt oder stolpert, gilt es herauszufinden, woran das liegt. Vielleicht hat er einfach noch nicht verstanden, dass er die Äste bewusst übersteigen soll, oder aber der Abstand passt noch nicht. In diesem Fall hilft es, den Hund beim Absolvieren des Parcours zu filmen und die Abstände entsprechend anzupassen. Im Video wird gut sichtbar, wie die Äste im Optimalfall liegen sollten.

Hunde haben im Schritt übrigens eine geringere Schrittlänge als im Trab oder Galopp. Auch das Tempo, in dem du deinen Hund führst, beeinflusst die Schrittlänge. Im Wald kann es außerdem anspruchsvoll für Körper und Geist sein, mit dem Hund langsam und bedacht durchs Unterholz zu gehen. Hierbei wird die Motorik des Hundes geschult, und er muss sich auf den Untergrund und seine Bewegungen konzentrieren.

Bitte achte unbedingt darauf, die Wildtiere und ihren Lebensraum nicht zu stören. In der Brut- und Setzzeit solltest du lieber darauf verzichten, abseits der Wege ins Unterholz zu gehen. Gestalte deinen Parcours dann ausschließlich aus Ästen, die du am Wegesrand findest. Denke aber auch hier bitte unbedingt daran, den Weg anschließend wieder frei zu räumen, damit sich später niemand ärgert oder verletzt.

Dies sind einige Möglichkeiten, deinen Hund beim Gassigehen zu beschäftigen, ohne dabei viel Strecke zurückzulegen. Vergiss nicht, dass es bei einem Spaziergang niemals um die gemeisterten Kilometer, die Dauer oder die Leistung gehen sollte, sondern vielmehr um die gemeinsamen Erlebnisse, die man teilt … ganz egal, ob im Sitzen, balancierend auf einem Baum, auf der Suche nach Futter oder anderer »Beute« oder langsam und konzentriert an deiner Seite. Auch das Üben und Festigen der Alltagskommandos (etwa »Sitz« und »Platz«) kann immer wieder eine schöne Sache sein, wenn man sie in den Spaziergang integriert.

Die Zeit mit dem Hund sinnvoll einteilen

Wir empfehlen Hundehaltenden, für ihre gewöhnlichen Spaziergänge eine grobe Faustregel zu beherzigen, wenn es um die Zeit geht, die sie draußen mit dem Hund verbringen. Diese ist aber keinesfalls in Stein gemeißelt, darf variieren und gilt lediglich als Orientierungshilfe:

50-20-10-10-10

» 50 Prozent des Spaziergangs gehen
» 20 Prozent Sozialkontakte mit Hunden
» 10 Prozent Beschäftigung und Spiel mit dir
» 10 Prozent Training von Alltagskommandos
» 10 Prozent Ruhen und Pausieren

Sollte es aus unterschiedlichen Gründen nicht möglich sein, dem Hund 20 Prozent Sozialkontakte zu ermöglichen, so ist das nicht schlimm. Du wirst für deinen Hund die wichtigste Rolle in seinem Leben spielen. Sollte dein Vierbeiner allerdings Freude am Kontakt mit Artgenossen haben und du ihm diesen auch ermöglichen können, so kannst du mal prüfen, ob die 20 Prozent erfüllt oder überschritten werden.

DIE BEDÜRFNISSE DES HUNDES

Hast du schon mal von der Bedürfnishierarchie oder der Bedürfnispyramide gehört? Sie ist ein sozialpsychologisches Modell, das der US-amerikanische Psychologe Abraham Maslow (1908 bis 1970) entworfen hat. Sein Modell beschreibt auf einfache Art und Weise menschliche Bedürfnisse und Motivationen und versucht diese anhand der hierarchischen Struktur zu erklären.

Ein solches Modell lässt sich, leicht abgewandelt, auch auf den Hund anwenden. Schauen wir uns zunächst die Ebenen im Detail an. Dazu geben wir dir jeweils eine Checkliste mit Fragen an die Hand, die du dir im Hinblick auf deinen Hund stellen kannst. Wundere dich nicht, wenn du eine Frage mit »nein« beantworten musst. Das bedeutet nicht automatisch, dass du kein:e gute:r Hundehalter:in bist. Manche Dinge, die

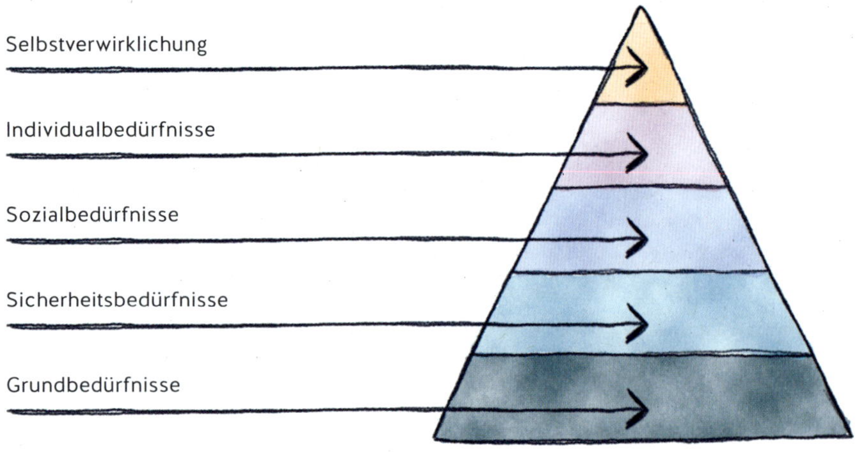

wir in den Checklisten abfragen, kannst du bei deinem Vierbeiner gar nicht beeinflussen. Unsere Absicht ist, hier lediglich einen Überblick über die verschiedenen Bedürfnisse und ihre Bedeutung zu vermitteln. Zudem möchten wir dich auf eine wichtige Tatsache aufmerksam machen: Die Ebenen bauen aufeinander auf, und wenn bei den Grundbedürfnissen etwas noch nicht richtig sauber läuft (aus Sicht des Hundes), kann dies hinderlich für das Arbeiten an Problemen sein, die mit den Bedürfnisse weiter oben zusammenhängen.

Kleine Ursache – große Wirkung

Um das zu verdeutlichen, wollen wir uns eine wahre Begebenheit aus unserem Trainingsalltag anschauen. Eines Tages kam ein Hundehalter mit seinem Bearded Collie in die Beratung, weil der Hund andere Artgenossen attackierte. Kein Training half langfristig, dieses Problems Herr zu werden, mehrere Hundetrainer:innen waren bereits daran gescheitert. Vermutlich war es aber völlig unmöglich, die Eigenart des Hundes mit einfachen Mitteln in den Griff zu bekommen, denn wie sich später herausstellte, litt das Tier an einer chronischen Entzündung im Ohr. Sobald es schnellere Bewegungen machte, war diese sehr schmerzhaft. Die Verknüpfung zwischen dem Kontakt zu einem anderen Hund und dem Schmerz im Ohr hatte dem Collie eine Abneigung gegen Artgenossen eingebracht. Diese Abneigung konnte erst aufgehoben werden, als die Gehörgänge entfernt wurden und der Collie beim Spiel mit anderen Hunden keine Schmerzen mehr erleiden musste. Nun konnte auch das Training fruchten. Der Hund war also schlichtweg nicht gesund.
Ähnliches kann auf die anderen Ebenen und Bedürfnisse zutreffen. Es ist also gar nicht schlecht oder falsch, einige der Fragen in den Checklisten mit »nein« zu beantworten. Die Fragen sollen dir als Reflektionshilfe dienen, um gegebenenfalls noch die eine oder andere »Baustelle« abzuklären. Vielleicht kommst du so auch erst darauf, hier und da genauer zu erforschen, woran ein Problem mit dem Hund liegen könnte.
Solltest du dir unsicher sein, wie die eine oder andere Frage zu beantworten ist oder welche Konsequenz die Antworten haben, kannst du dir auch Hilfe holen. Im Zweifel ist es immer besser, einen Profi, also beispielsweise eine:n professionelle:n Hundetrainer:in, zurate zu ziehen.

Wenn es einem Hund nicht gut geht, kann sich das auf sein Verhalten niederschlagen. Tierärztliche Untersuchungen bei plötzlich auftretenden Verhaltensänderungen sind daher unbedingt zu empfehlen.

Grundbedürfnisse

Auf der untersten, größten und somit wichtigsten Ebene finden sich – wie auch bei uns Menschen – die **GRUNDBEDÜRFNISSE** des Hundes. Hierzu zählen zum Beispiel Wasser, Nahrung, Unterkunft, Bewegung, Schmerzfreiheit und Schlaf. Übrigens: Wusstest du, dass ein Hund je nach Alter und Gesundheitszustand zwischen 16 und 22 Stunden am Tag ruhen und schlafen sollte?

Checkliste

- Ist dein Hund gesund?
- Ist dein Hund vor Kurzem bei dir eingezogen? Hast du den Eindruck, dass er sich in seinem neuen Leben bei dir wohlfühlt?
- Findet dein Hund ausreichend zur Ruhe?
- Verträgt dein Hund sein Futter und ist er gut genährt?

Sicherheitsbedürfnisse

An zweiter Stelle finden sich die **SICHERHEITSBEDÜRFNISSE** des Hundes. Diese umfassen unter anderem Angstfreiheit, Schutz vor Gefahren und körperlichem Leiden, Geborgenheit, vertrauensvolle Führung durch die Bezugsperson und auch Regeln.

Checkliste

⟶ Gibt es gut durchdachte Regeln in eurem Alltag, die deinem Hund helfen, sich in deiner Welt zurecht zu finden?
⟶ Hast du dir Gedanken über deine persönliche Führung gemacht? Wie leitest du gewisse Situationen an? Nimmt dein Hund deine Führung an?
⟶ Sucht dein Hund bei dir Schutz, wenn er diesen benötigt?
⟶ Findet dein Hund bei dir Geborgenheit in stressauslösenden Situationen?

Soziale Bedürfnisse

An dritter Stelle stehen die **SOZIALEN BEDÜRFNISSE**. Darunter lassen sich vor allem folgende Punkte aufführen: Mensch als Bindungspartner:in, Kontakt zu Artgenossen und sogar anderen Tieren, die als Sozialpartner fungieren können, Nähe, Zugehörigkeit, Körperkontakt wie auch Paarung und Fortpflanzung.

Checkliste

⟶ Hat dein Hund einen festen Platz in eurem sozialen Gefüge?
⟶ Bist du dir darüber im Klaren, welche Rolle du in eurer Beziehung einnimmst?
⟶ Hat dein Hund Kontakt zu anderen Artgenossen?
⟶ Bekommt dein Hund von dir körperliche Zuwendung?
⟶ Hat dein Hund täglich ausreichend familiären Anschluss?

Individualbedürfnisse

Sind die Bedürfnisse des Hundes der unteren drei Ebenen weitestgehend befriedigt, folgen die **INDIVIDUALBEDÜRFNISSE**. Hierzu zählen Training, Beschäftigung, Wertschätzung, Erfolg, Status/Geltung.

Checkliste

→ Was macht deinen Hund aus? Welche besonderen Fähigkeiten hat er und wie förderst du diese?

→ Auch Hunde haben gern »Erfolge«. Diese können wir ihnen bescheren, indem wir durch gewisses Training ihr Können fordern und sie fördern.

→ Bekommt dein Hund Anerkennung für Dinge, die er gut macht und gut kann?

→ Hat dein Hund die Möglichkeit soziale Diskussionen mit dir eingehen zu können? Ja, du liest richtig! Die meisten Hunde lieben soziale Konflikte und testen gern Grenzen aus!

Selbstverwirklichung

Zu guter Letzt ist auch Hunden die **SELBSTVERWIRKLICHUNG** ein Bedürfnis, vorausgesetzt die anderen Bedürfnisse sind befriedigt. Zu dieser Ebene zählen die Auseinandersetzung mit neuen Reizen, das Bewältigen kniffliger Aufgaben, das Finden eigener Problemlösungen sowie das Entwickeln und Verbessern von Talenten und Strategien.

Checkliste

→ Lässt du deinen Hund Probleme auch mal selbst lösen?

→ Stellst du deinen Hund manchmal bewusst vor eine Herausforderung?

→ Kennst du die individuellen Stärken deines Hundes und unterstützt ihn dabei, diese auszubauen?

→ Lässt du deinen Hund neue Dinge erleben und sorgst somit dafür, dass er den Umgang mit neuen Reizen erlernen kann?

Nicht immer alle Bedürfnisse erfüllen

Nicht alle Bedürfnisse müssen immer zu 100 Prozent befriedigt sein. So ist es vollkommen in Ordnung und normal, dass man mal Hunger verspürt, einem langweilig ist, man müde ist oder Sehnsucht nach sozialen Kontakten hat. Das ist in unserem menschlichen Alltag nicht ungewöhnlich und sollte auch für den Hund **TEMPORÄR GUT AUSZUHALTEN** sein.

Nichtsdestotrotz dient uns die Bedürfnispyramide als gute Orientierungshilfe und verdeutlicht einmal mehr, dass es meist nicht die Auslastung und Beschäftigung des Hundes ist, die an erster Stelle stehen sollte, sondern dass Strukturen, Regeln und Verlässlichkeit einen viel größeren Stellenwert im Leben eines Vierbeiners haben.

Im folgenden Kapitel wollen wir uns noch einmal damit auseinandersetzen, wie wir Regeln und Grenzen formulieren, die fair, aber klar und verständlich sind. Außerdem geben wir Hinweise, worauf es in der Hundeerziehung am ehesten zu achten gilt, wenn wir um einen fairen Umgang mit unseren Vierbeinern bemüht sind.

Die Grundbedürfnisse eines Hundes sollten unbedingt befriedigt sein. Doch das bedeutet nicht, dass man nicht auch mal »nein« sagen darf. Dies sollte einer guten Beziehung nicht im Weg stehen. Vielmehr bedeutet es, einen ehrlichen Umgang miteinander zu pflegen.

8

»Kein Laisser-faire!«

WIE WIR REGELN TROTZDEM DURCHSETZEN

Nur mit einem Trainingsplan, der den Bedürfnissen und Anforderungen von Hund und Mensch gerecht wird, lässt sich eine nachhaltige und zuverlässige Erziehung erzielen. Dabei sollte man nicht alle Verhaltensprobleme gleichzeitig angehen, sondern besser einen Schritt nach dem anderen gehen. Es schadet nicht, sich Zeit zu lassen.

LÄSST SICH VOM KIND AUF DEN HUND SCHLIESSEN?

»Ich habe drei Kinder großgezogen, dann werde ich es mit einem Hund ja wohl auch nicht vergeigen.« Diesen Spruch hören wir in unseren Beratungen immer wieder und können sogar nachvollziehen, woher er kommt: Wir lieben unsere Hunde. Wir lieben sie so wie ein Familienmitglied und fühlen uns vielleicht sogar gleichermaßen für sie verantwortlich wie für ein Kind.

Vor allem die Bindung zum Menschen und die Selbstwirksamkeit des Hundes stehen häufig im Fokus der Hundeerziehung und werden in Medien vielfach thematisiert. Es passiert schnell, dass wir vermeintliche Gemeinsamkeiten in der Erziehung zwischen Hund und Kind zu erkennen glauben. Für uns sind **ZWEI ZENTRALE FRAGEN UND DEREN BEANTWORTUNG** in diesem Vergleich wegweisend, um das eigene Verhalten und die Rolle in dieser Beziehung zum Hund anzupassen. Erstens: Mit welchen Werten und Zielen erziehen wir Hunde? Und zweitens: Mit welchen Werten und Zielen erziehen wir Kinder?

Mithilfe ganz unterschiedlicher Erziehungsstile können wir unsere Norm- und Wertvorstellungen in die Erziehung unserer Kinder und Hunde einbringen. Wir richten unsere Art und Weise, Kinder sowie auch Hunde zu erziehen, außerdem nach unseren eigenen Glaubenssätzen aus. »Mein Hund respektiert mich nicht«, könnte beispielsweise ein Glaubenssatz lauten.

Oder aber man wird von anderen Menschen darauf hingewiesen, dass der eigene Hund einem selbst gegenüber keinen Respekt zu haben scheint. Wie schnell macht man sich dann diese subjektive Betrachtungsweise von einem Außenstehenden zu seinem eigenen Glaubenssatz. Diese vermeintliche Erkenntnis eines anderen Menschen über uns sorgt dafür, dass wir uns klein und hilflos fühlen. **WIR LIMITIEREN UNS, UNSER KÖNNEN UND UNSER HANDELN.**

Vielleicht wünschen wir uns auch einen **BESONDERS HARMONISCHEN UMGANG** mit unserem Hund, der möglichst konfliktfrei und ohne viele Regeln und Grenzen auskommen soll. Der Grund: Wir assoziieren mit den Regeln negative Erfahrungen und möchten sie daher weder an unsere Kinder noch an unsere Hunde weitergeben.

Wann ist ein Hund ein Hund?

»Ein Hund muss auch mal Hund sein dürfen.« Dies könnte ein Glaubenssatz sein, der sich ebenfalls auf unsere Vierbeiner und unsere Erwartungen an sie bezieht. Er ist gespickt mit Assoziationen rund um das hündische Verhalten, das hier mehrheitlich nach den vermeintlichen Bedürfnissen des Tieres abläuft. Wann aber ist ein Hund eigentlich ein richtiger Hund? Ist er das, wenn er ...

- ... wild und euphorisch einem Ball hinterherjagen und diesen unermüdlich apportieren darf?
- ... mit den Hundekumpels im Park rennen und spielen darf?
- ... sich richtig dreckig machen darf und zum Himmel stinkt?
- ... die Frisbeescheibe aus dem Wasser holen und sich im Sand wälzen darf?
- ... nach Herzenslust umhertollen darf?

Diese Annahmen über das vermeintliche »Hundsein« schüren ein lebhaftes, spaßiges Bild, das harmonisch und witzig wirkt. Was aber, wenn »Hund zu sein« noch viel mehr ausmacht? Wenn es bedeutet ...

- ... auf der Hundewiese zu pöbeln und andere Artgenossen zu verkloppen, sobald sie sich mit dem »eigenen Menschen« vergnügen möchten?

»Hund zu sein« bedeutet mehr, als wir vielleicht denken. Vor allem beinhaltet es auch viele Verhaltensweisen, die uns nicht unbedingt gefallen und die wir uns nicht wünschen würden.

- ... Parkbänke, Fahrräder und Straßenlaternen anzupinkeln?
- ... ein wildes Tier im Wald zu jagen?
- ... zu knurren oder gar zu beißen, wenn man etwas nicht will?
- ... Essen zu klauen, wann immer dies möglich ist, und unterwegs alles Fressbare vom Boden aufzunehmen?

Wir haben es in der Hand

Kann ein Hund nur dann Hund sein, wenn wir die Verantwortung für ihn scheinbar abgeben? Sicher nicht. Ein Vierbeiner, der nicht lernen und sich nicht weiterentwickeln darf, sich nicht sicher fühlen kann, dessen Bedürfnisse nicht befriedigt werden, der führt in unseren Augen ein trostloses Hundeleben. Und trotzdem wird er am Ende immer noch ein Hund sein.

Es liegt also ausschließlich in unserer Hand, wie viele **PRIVILEGIEN UND FREIHEITEN** wir unserem Hund gewähren und wie lebenswert wir ihm sein Dasein gestalten. Ein Hund wird unser Vierbeiner immer sein. Doch auch dieses lebenswerte Leben, in dem der Hund sich weiterentwickeln und Freiheiten genießen kann, wird ohne Regeln und Grenzen nicht möglich sein.

Hunde benötigen unsere Anleitung im Alltag, damit sie sich sicher fühlen können. Mitunter bedeutet das aber auch, dass wir sie dadurch in gewissen Situationen in ihrem Handeln einschränken.

An dieser Stelle sollten wir also stets im Hinterkopf behalten, dass Glaubenssätze lediglich Annahmen und keine Wahrheiten sind. Annahmen trifft aber jeder für sich selbst, sie sind also sehr individuell.

Nicht alles, was wir über unsere Hunde denken, entspricht zwangsläufig auch Fakten. Wenn wir unserem Vierbeiner etwas, das er gerade am liebsten tun würde, mal **NICHT ERLAUBEN**, heißt das nicht, dass unsere Einschränkung in diesem Moment einen negativen

Einfluss auf die Erziehung nimmt, sondern vor allem, dass wir im Sinne des Hundes handeln.

Unterschiedliche Erziehungsstile

Es gibt unterschiedliche Möglichkeiten, Kinder zu erziehen – und nichts anderes gilt auch für unsere Hunde. Schauen wir uns daher zunächst ein paar gängige Erziehungsstile aus dem Blickwinkel der Kindererziehung genauer an.

Autoritärer Erziehungsstil

Diese Erziehungsmethode ist eine der ersten, die durch die Sozialpsychologie definiert wurde. Hierbei werden die vorhandenen Regeln durch die Erziehenden vorgegeben und können nicht von allen Beteiligten mitbestimmt werden. Der Fokus liegt mehrheitlich auf Disziplin und Gehorsam. Lob und Strafe werden gleichermaßen angewandt, sie sollen Verhaltensweisen formen und Regeln absichern.

Früher war der autoritäre Erziehungsstil weit verbreitet und normal. Bei Kindern nimmt man inzwischen Abstand davon, da mittlerweile bekannt ist, dass sie unter diesen engen Vorgaben kaum ein gesundes Selbstwertgefühl entwickeln können. Dies ist darin begründet, dass den Kindern wenig Raum gegeben wird, um sich entwickeln zu können. Dadurch wird es ihnen schwer gemacht, eigene Erfahrungen zu sammeln und eine eigene Persönlichkeit auszuprägen.

Das daraus resultierende geringe Selbstwertgefühl drückt sich in unterschiedlichen Verhaltensweisen aus. So kann es zum Beispiel sein, dass man durch eine derartig strenge Erziehung auch im Erwachsenenalter und im Zusammensein mit anderen Menschen, zu denen man gewöhnlich in symmetrischen Beziehungen stehen könnte, eine unterwürfige Rolle einnimmt und auf die Anweisungen von anderen angewiesen ist.

Autokratischer Erziehungsstil

Der autokratische Erziehungsstil zielt weitergehend darauf ab, dass die Erziehenden feste Regeln vorgeben und sämtliche Entscheidungen allein fällen. Dabei werden Individualbedürfnisse nicht sonderlich beachtet. Eine besonders große Rolle spielen hier auch Gehorsam und

Disziplin. Diskussionen werden nicht ausgetragen, und auch Kompromisse sind nicht Ziel der Erziehung. So kann der autokratische Erziehungsstil in gewisser Weise als eine Verschärfung des autoritären Erziehungsstils betrachtet werden.

Demokratischer Erziehungsstil

Unter einem demokratischen Erziehungsstil versteht man, dass wichtige Entscheidungen mit den Erziehungspersonen gemeinsam besprochen und Kinder aktiv in diesen Prozess einbezogen werden. Anders als beim autoritären Erziehungsstil werden den Kindern wenige Regeln gesetzt und gleichzeitig größere Handlungsspielräume gewährt.
Gänzlich frei von jeglichen Regeln ist diese Methode allerdings nicht. Auch hier gelten gewisse Regeln und Grenzen, die eingehalten werden müssen, allerdings werden die meisten Entscheidungen konstruktiv mit den Kindern besprochen und beschlossen.

Antiautoritärer Erziehungsstil

Das Kind darf weitestgehend alles selbst entscheiden, denn ihm wird die Kompetenz zugeschrieben, das bereits zu können. Es darf sich frei entfalten und soll so kreativ wie möglich sein. Die antiautoritäre Erziehung zeichnet sich vor allem auch dadurch aus, dass Vorschläge unterbreitet werden, aber weder Regeln noch Grenzen vorgegeben sind. Das kann eben auch bedeuten, dass eine Entscheidung getroffen wird, die dann nicht die beste zu sein scheint, aber so soll das Kind selbst lernen können, was gut für es ist, und die erziehende Person soll so Bestrafungen und Sanktionen vermeiden können.

Autoritativer Erziehungsstil

Hier werden dem Kind die Erwartungen vorgelebt. Wichtig für diesen Erziehungsstil ist ein von der erziehenden Person vorgegebener Handlungsspielraum. Das Kind hat klare Grenzen, wird jedoch bei allem stark unterstützt und häufig gelobt. Die Regeln, die aufgestellt werden, dienen hier vorrangig einer klaren Kommunikation. Das Kind wird in den Entscheidungsprozess mit einbezogen, letztendlich werden die Entscheidungen jedoch von den Erziehenden getroffen und im Zweifel auch durchgesetzt. Es wird dem Kind viel zugetraut und auch einiges von ihm erwartet, aber die Erziehenden leben die Wertvorstellungen auch vor und bieten dem Kind somit eine Orientierungshilfe, die in diesem Fall auf das eigene Verhalten bezogen ist.

Ziele und Werte in der Erziehung

An dieser Stelle gelangen wir zu der Frage nach den Zielen und Werten in der Erziehung von Hund und Kind zurück. »Zu den populärsten Erziehungszielen von Eltern in Deutschland gehören mitunter eine starke Persönlichkeit, Durchsetzungsvermögen, Höflichkeit, Ehrlichkeit, Sparsamkeit, Selbstständigkeit sowie Toleranz«, heißt es auf kinderinfo.de, einer Internetseite, die über Themen rund um Kindererziehung aufklärt. Auch in der Hundeerziehung sind diese Ziele bereits angekommen. Selbstwirksamkeit in der Hundeerziehung ist heute vermutlich von größerer Bedeutung als je zuvor, denn bedürfnisorientiert möchte man nicht nur Kinder, sondern auch Hunde erziehen.
An dieser Stelle finden wir es wichtig, sich vor Augen zu führen, wie sich Hunde und Kinder entwickeln. Ein Kind wird irgendwann zu einem erwachsenen Menschen, der selbstbestimmt Entscheidungen treffen und Verantwortung für sein Handeln übernehmen soll. Die vorerst asymmetrische Beziehung zwischen Kind und Eltern entwickelt sich im Lauf der Zeit zu einer eher symmetrischen Beziehung. Das passiert zwischen Mensch und Hund nicht. Der Hund wird immer auf unsere Unterstützung angewiesen sein, um sich sicher in dieser menschengemachten Welt bewegen zu können. Ebenso werden wir ein Leben lang Entscheidungen für unsere Vierbeiner treffen, was die Chance auf ein wirklich selbstbestimmtes Leben der Hunde mindert.
Die Selbstwirksamkeit und natürlich auch die Befriedigung der Bedürfnisse eines Hundes sind selbstverständlich auch für seine Entwicklung und sein Leben von großer Bedeutung. Trotzdem ist ein Vergleich zwischen Kind und Hund in dieser Diskussion nicht zielführend. Kinder müssen zwangsläufig stärker in Entscheidungsprozesse eingebunden werden, damit sie im Erwachsenenalter in der Lage sind, gute Entscheidungen für sich selbst treffen zu können. Für Hunde dagegen müssen zeitlebens die Besitzer:innen Entscheidungen vorgeben, was ein

deutlich größeres Maß an Autorität erfordert, als es in der Kindererziehung vermutlich benötigt werden würde.

Wir sehen unsere Aufgabe als Hundehaltende, die zur Erziehung ihrer Hunde verpflichtet sind, darin, unseren Vierbeinern ein Verständnis für »richtig« und »falsch« zu vermitteln. Frei von Wut, ungezügelter Aggression und Rachegedanken, sind wir dabei darauf bedacht, einen Lösungsweg zu finden, der schnell und effizient, aber vor allem nachhaltig und fair ist. Unsere Art, Hunde zu erziehen, lässt sich vermutlich am ehesten als **AUTORITATIV** bezeichnen. Wir betrachten uns im Mensch-Hund-Team als Entscheidungsträger:innen und sind durchaus bereit, gewisse Regeln, Grenzen und Entscheidungen durchzusetzen. Situativ muss man damit leben, sich beim Hund auch mal unbeliebt zu machen, etwa wenn wir ihm verbieten, zu einem Artgenossen zu gehen. Im Großen und Ganzen haben wir dabei aber nur sein Bestes im Sinn.

Einen Hund zu erziehen bedeutet, ihm zu zeigen, was gewünschte und unerwünschte Verhaltensweisen sind. Ganz nebenbei lernt er dadurch, mit Grenzen und Frust umzugehen, und wird so auf einen möglichst entspannten Alltag mit uns vorbereitet.

Der eigene Wertekompass

Unsere eigenen Werte können uns eine sinnvolle Hilfe sein, wenn wir über gewisse Entscheidungen und Methoden nachdenken, die wir anwenden möchten. Was ist uns wirklich wichtig? Was hat für uns eine besondere Bedeutung im Zusammenleben mit unseren Hunden? Hast du dir darüber schon einmal umfassende Gedanken gemacht? Was sind deine eigenen Werte in Bezug auf die Erziehung deines Hundes?

Bestimmung der Werte

Suche dir aus der Liste auf der nächsten Seite **15 WERTE** aus, die dir wichtig sind. Schreibe sie untereinander auf. Sollte dir ein Wert einfallen, der dir besonders wichtig ist, aber nicht auf dieser Liste steht, füge ihn hinzu. Die Liste gilt nur als Orientierungshilfe. Dabei geht es nicht darum, Werte zu finden, von denen du denkst, dass sie sich gut anhören, sondern darum, Werte zu bestimmen, die dir persönlich wirklich wichtig sind und in dir ein wohliges Gefühl hervorrufen – Werte also, mit denen du dich rundum wohlfühlst.

1.	6.	11. ....
2.	7.	12. ....
3.	8.	13. ....
4.	9.	14. ....
5.	10.	15. ....

Vergleiche nun jeden Wert mit den anderen. Gehe dabei so vor: Beginne beim ersten Wert auf deiner Liste. Ist dir dieser wichtiger als der zweite? Falls ja, machst du einen Strich neben den ersten Wert. Wenn dir der zweite Wert wichtiger ist, setzt du den Strich neben diesen. Jetzt vergleichst du den ersten Wert mit dem dritten. Ist dir der erste wichtiger? Dann setze dort deinen Strich, ist der dritte wichtiger, dann mache ihn hier. Vergleiche also den ersten Wert mit allen anderen 14 Werten. Hast du das erledigt, beginnst du beim zweiten Wert. Mit dem ersten Wert musst du ihn nicht mehr vergleichen, das hast du ja bereits getan. Du vergleichst ihn also mit dem dritten Wert. Danach mit dem vierten usw. Fahre in dieser Weise mit allen 15 Werten auf deiner Liste fort. Die

1. Abenteuer
2. Achtsamkeit
3. Agilität
4. Aktivität
5. Aktualität
6. Akzeptanz
7. Altruismus
8. Andersartigkeit
9. Anerkennung
10. Anmut
11. Ansehen
12. Anstand
13. Ästhetik
14. Aufgeschlossenheit
15. Aufmerksamkeit
16. Ausgewogenheit
17. Authentizität
18. Begeisterung
19. Beharrlichkeit
20. Bescheidenhei
21. Besonnenheit
22. Dankbarkeit
23. Demut
24. Disziplin
25. Effektivität
26. Effizienz
27. Ehrlichkeit
28. Empathie
29. Entscheidungsfreude
30. Fairness
31. Phantasie
32. Fleiß
33. Flexibilität
34. Freiheit
35. Freude
36. Freundlichkeit
37. Frieden
38. Fürsorglichkeit
39. Geduld
40. Gelassenheit
41. Gemütlichkeit
42. Gerechtigkeit
43. Gesundheit
44. Glaubwürdigkeit
45. Großzügigkeit
46. Harmonie
47. Hilfsbereitschaft
48. Humor
49. Innovation
50. Interesse
51. Klugheit
52. Konsequenz
53. Kontrolle
54. Kreativität
55. Leidenschaft
56. Leichtigkeit
57. Liebenswürdigkeit
58. Loyalität
59. Mitgefühl
60. Motivation
61. Mut
62. Nachhaltigkeit
63. Nächstenliebe
64. Neutralität
65. Offenheit
66. Optimismus
67. Ordnung
68. Pflichtgefühl
69. Präzision
70. Professionalität
71. Pünktlichkeit
72. Realismus
73. Respekt
74. Rücksichtnahme
75. Ruhe
76. Sanftmut
77. Selbstdisziplin
78. Selbstvertrauen
79. Sensibilität
80. Seriosität
81. Sicherheit
82. Solidarität
83. Sorgfalt
84. Sparsamkeit
85. Spaß
86. Tapferkeit
87. Teamgeist
88. Toleranz
89. Transparenz
90. Treue
91. Unabhängigkeit
92. Unbestechlichkeit
93. Verantwortung
94. Verlässlichkeit
95. Vertrauen
96. Wachsamkeit
97. Weitsicht
98. Willenskraft
99. Wohlwollen
100. Würde

Summe der Striche neben den Werten zeigt dir anschließend, welche Werte tatsächlich die höchste Priorität für dich haben.

Hervorragend – du hast deine Werte definiert!
Wie fühlst du dich damit? Sind das Werte, die dir im Zusammenleben mit deinem Hund wirklich wichtig sind? Perfekt! Dann gibt es jetzt noch eine letzte Kleinigkeit zu tun, damit deine Werte für dich und deinen Hund zu einem richtigen Mehrwert werden. Formuliere aus deinen Werten Glaubenssätze, die dir als **WEGWEISER FÜR DEIN HANDELN** dienen. Um dir ein paar Beispiele vor Augen zu führen, könnten die Werte für die Hundeerziehung ungefähr so klingen:

FAIRNESS: Ich erwarte ausschließlich Dinge von meinem Hund, die er in der Lage ist zu leisten. Ich rechtfertige sein Vertrauen in mich und folge meinen Emotionen nicht unkontrolliert zu seinem Nachteil. Ich bleibe ihm gegenüber fair.

GELASSENHEIT: Ich strahle meinem Hund gegenüber eine unerschütterliche Ruhe aus. Ich erlaube anderen, so zu sein, wie sie sind, und ärgere mich nicht über das Verhalten anderer Menschen mit ihren Hunden. Es kann uns nichts passieren. Ich bin gelassen.

VERTRAUEN: Ich treffe verantwortungsvolle Entscheidungen für meinen Hund. Ich handle vorausschauend und mute meinem Hund keine Situationen zu, die in ihm Unbehagen hervorrufen, ohne sein Allgemeinwohl zu verbessern. Ich bin nicht nachtragend oder reumütig. Mein Hund kann mir vertrauen.

Nur gelebte Werte sind echte Werte. Sie verbinden, stärken das (Selbst-)Vertrauen, motivieren und helfen beim Meistern schwieriger Situationen. Nun kennst du deine Werte. Ab jetzt gilt es, sie zu leben. Und wie immer gilt auch hier: **KONSEQUENZ BEDEUTET VERLÄSSLICHKEIT**. Nur wenn diese Werte auch konsequent von dir gelebt werden, wird sich dein Hund darauf verlassen können.

KANN DEIN HUND DAS? EIN SINNVOLLER TRAININGSAUFBAU

Geduld ist eine Tugend, sagt man. Das trifft auch auf die Erziehung unserer Hunde zu. Für zahlreiche Verhaltensweisen, die wir von unserem Vierbeiner erwarten, braucht es Training. In vielen Bereichen ist es deshalb sinnvoll, die Anforderungen an den Hund nicht direkt hochzuschrauben, sondern sich Stück für Stück zu steigern.

So würden wir – um nur ein Beispiel zu nennen – von einem Welpen überhaupt nicht erwarten, dass er mehrere Stunden Ruhe halten oder gar allein bleiben kann, während wir in der Arbeit sind. Ganz egal, welche Verhaltensweisen wir von unserem Tier erwarten, müssen wir immer gewissenhaft überprüfen: Kann mein Hund das bzw. kann ich das jetzt schon von ihm verlangen? Dafür gibt es einige **GRUNDLEGENDE ÜBERLEGUNGEN**, die man anstellt, um anschließend einen gut strukturierten und fachlich fundierten Trainingsplan auszuarbeiten.

Welche Bedingungen müssen erfüllt sein?

Für ein erfolgreiches und sinnvolles Training ist es notwendig, die **EINZELNEN BEDINGUNGEN** zu betrachten, die erfüllt sein müssen, damit der Hund eine gewisse Verhaltensweise zeigen kann. Wir haben schon über Handlungsspielräume und Beziehungsstrukturen zwischen Mensch und Hund gesprochen (siehe ab Seite 100). Möchtest du beispielsweise trainieren, dass dein Hund aufhört, an der Leine andere Hunde anzubellen, ist es sinnvoll, dass du ihm auch andere Dinge verbietest, die ein **WEITAUS GERINGERES MASS AN SELBSTREGULATION** erfordern bzw. weniger wichtig für den Hund sind. Es muss für ihn logisch und klar sein, dass er Grenzen von dir aufgezeigt bekommt. **HUNDE LERNEN KONTEXTSPEZIFISCH**, das heißt, sie können verstehen, dass in unterschiedlichen Situationen auch unterschiedliche Regeln gelten. Es passt also nicht zusammen, dass der Hund es akzep-

tiert, in einer Situation mit hoher Erregung (Bellen und Ziehen an der Leine) vom Menschen eingegrenzt zu werden, während im restlichen Alltag keine Einschränkungen zu erwarten sind.
Weiterhin ist es nötig, sich über die **KÖRPERLICHEN VORRAUSSETZUNGEN**, die der Hund erfüllen muss, Gedanken zu machen. Viele Verhaltensweisen, die wir vom Hund verlangen, sind gekoppelt an **RUHE HALTEN, FRUST ERTRAGEN ODER IMPULSE KONTROLLIEREN** – allesamt Fähigkeiten, die der Hund trainieren muss. Wie so häufig heißt es auch hier: »Übung macht den Meister« und »Es ist noch kein Meister vom Himmel gefallen«. Das stimmt im Fall von Hunden aber nicht ganz. Es gibt durchaus sehr spezialisierte Rassen, die in gewissen Disziplinen quasi von Geburt an fantastische Arbeit leisten, siehe dazu auch den Abschnitt »Rassetypische Talente« auf Seite 42.

Der Hund bellt und zieht an der Leine ...

Dieses Bild hat sicher jeder im Kopf – eine Verhaltensweise, die uns äußerst unangenehm ist, weil wir mit unserem Vierbeiner **NICHT NEGATIV AUFFALLEN** wollen. Selbst wenn dies ganz normale Verhaltensweisen für einen Hund sind – nämlich Rennen und Bellen – ist ein an der Leine ziehender Hund doch assoziiert mit dem Vorwurf: »Der ist nicht erzogen!«. Bellen ist für uns noch eine Stufe unangenehmer, weil wir unsere Mitmenschen durch die Lautstärke auch noch akkustisch auf unseren vermeintlich unerzogenen Hund aufmerksam machen.
Irgendetwas scheint den Vierbeiner zu motivieren, dieses Verhalten zu zeigen. Der Spitz bellt vielleicht, weil seine Genetik »Hallo« sagt; der juvenile Rüde bellt, weil er frustriert ist, dass er nicht zum Artgenossen auf der anderen Straßenseite kann, dem er so gern zeigen würde, was für ein toller Kerl er ist. Ein ehemaliger Straßenhund zerrt beim Anblick von Mülltonnen an der Leine, weil er sich in seinem alten Leben dort das Überleben sicherte und es klug war, keine Gelegenheit auszulassen, Energie aufzutanken (Futter).
UNTERSCHIEDLICHE MOTIVATIONEN treiben unsere Hunde zu den Verhaltensweisen, die wir als störend empfinden. Wollen wir eine (dauerhafte) Verhaltensveränderung erzielen, müssen zwei spezielle Fähigkeiten trainiert werden: Impulskontrolle und Frustrationstoleranz.

Wusstest du ...

Impulskontrolle bezeichnet die Fähigkeit, seine Handlungen und/oder Emotionen kontrollieren zu können. Dabei hat der Hund eigentlich eine Motivation, ein Verhalten zu zeigen (einen Impuls zu handeln), kann dieses aber unterdrücken.

Frustrationstoleranz bezeichnet die Fähigkeit, frustrierende Situationen ertragen zu können. Frust entsteht, wenn die Erwartung an eine Situation nicht erfüllt wird.

Beide Fähigkeiten müssen kleinschrittig trainiert werden. Dabei sollten wir unbedingt beachten, dass wir den Hund nicht überfordern. Kleinschrittig heißt auch, dass wir nicht gleichzeitig die Intensität und die Dauer erhöhen, sondern nur entweder das eine oder das andere.

Übung 1: Die Impulskontrolle trainieren

Dieses Verhaltenselement trainieren wir, wenn der Hund sich zusammenreißen muss, um eine gewünschte Handlung nicht zu vollziehen. Eine mögliche Übung sieht wie folgt aus:

1. Du bringst deinen Hund ins Sitz.
2. Du entfernst dich einige Schritte von dem Tier.
3. Du präsentierst eine Ablenkung.
4. Wenn der Hund sitzen geblieben ist, belohnst du ihn.
5. Sollte der Hund nicht sitzengeblieben sein, bringst du ihn zurück auf den Platz, wo er Sitz machen sollte, und machst weiter mit Schritt 2.

Die Konflikthierarchie

Bei dieser Übung kommt es auf die Vorlieben und den Trainingsstand des Hundes an, welches Maß an Ablenkung präsentiert wird. Das kann ein Leckerchen sein, ein interessantes Spielzeug oder ein freudiger, den Hund lockender Mensch – was auch immer am besten zu dem jeweiligen Vierbeiner passt.

Für Hunde ist es wichtig, immer wieder mal mit Frust in Berührung zu kommen. Nur wenn der Vierbeiner Frustration gut aushalten kann, wird er im Alltag ruhig und gelassen bleiben können, denn Frust ist allgegenwärtig.

Dabei ist es sehr hilfreich, den Hund genau zu beobachten und eine Liste an potenziellen Ablenkungen anzufertigen. Die Fülle an ablenkenden Reizen lässt sich dann je nach Schwierigkeitsgrad sortieren und nach und nach trainieren. Ein neuer Schwierigkeitsgrad wird erst gestartet, wenn **DER VORHERIGE ZUVERLÄSSIG ABSOLVIERT** wurde. Sobald ein Hund einer Ablenkung widersteht, kann man auch die **DAUER DER ÜBUNG** erhöhen. Dabei sollte man den Kontext der Übung immer wieder verändern und auf andere Bereiche des Alltags übertragen, damit der Hund das Gelernte auch generalisieren kann.

Übung 2: Die Frustrationstoleranz trainieren

Frustration auszuhalten ist nicht ganz so leicht zu trainieren wie die Impulskontrolle. Das beginnt schon bei der Definition von Frust, denn dieser entsteht, wie wir bereits erfahren haben, immer dann, wenn eine Erwartung nicht erfüllt wird – allerdings nur im negativen Sinn. Wenn eine Erwartung übertroffen wird, entsteht selbstverständlich kein Frust. Für das Training sind nun also Situationen erforderlich, in denen der **HUND EBEN DIESEN FRUST VERSPÜRT** und ihn aushalten, sprich akzeptieren muss, dass sein Ziel, die Erwartung, nicht erreicht wird.

Ein Beispiel: Du präsentierst ihm für einige Sekunden ein Leckerchen. Anschließend steckst du das Futter wieder ein und beendst damit die Übung. Die meisten Hunde werden eine Erwartungshaltung an das Futter gehabt haben und sind dann enttäuscht worden. Wiederholst du die Übung zu häufig, kann es sein, dass der Hund denkt: »Das bekomme ich ja eh nicht.« Die für Frust notwendige Erwartungshaltung kommt dann gar nicht erst auf. In diesem Fall könntest du meinen, dass dein Hund seine Frustrationstoleranz unheimlich verbessert hat, in Wahrheit kam es aber gar nicht zum Frust.

Bei vielen Hunden ist es gar nicht notwendig, die Frustration extra zu trainieren, weil sie im Alltag häufig mitschwingt – **DAS LEBEN IST OFTMALS FRUSTRIEREND GENUG.** Das erfährt mitunter schon der Welpe, wenn die Mutterhündin die Zitze nicht freigibt, die Wurfgeschwister körperlich stärker sind und sich bei kleineren Konflikten

Über die Erwartungshaltung an Futter kann man bei den meisten Hunden tolle Übungen zur Steigerung der Frustrationstoleranz gestalten. Bekommt der Hund kein Futter, entsteht rasch Frust.

durchsetzen oder wenn bei der Ankunft in der neuen Familie eine Treppe so hohe Stufen hat, dass der Kleine dort zunächst nicht hochkommt.

Frust ist ganz normal

Es ist wichtig zu verstehen, dass Frust etwas ganz Normales ist und an sich nichts Schlechtes bedeutet. Frust aushalten zu können bedeutet nichts anderes, als für das Leben vorbereitet zu sein. Jedes Tier und jeder Mensch erlebt regelmäßig Situationen, die frustrierend sind. Wenn jeder Wolf nach einer missglückten Jagd, jeder Greifvogel, dem die Beute aus den Fängen entgleitet, oder jedes Kind, das beim Versuch zu laufen hinfällt, eine echte Krise bekommen würde, dann wäre das in der Evolution im Vergleich zu Individuen, die Frust aushalten und bewältigen können, ein echter Nachteil. **FRUST BEWÄLTIGEN ZU KÖNNEN IST ALSO EINE WICHTIGE EIGENSCHAFT**, die alle Hunde in mehr oder weniger ausgeprägter Form besitzen sollten.

Ehemalige Straßenhunde oder Hunde aus deutschen Tierheimen sind Frust in der Regel gewohnt und können diesen gut verarbeiten. Das Leben auf der Straße hält viele Gelegenheiten bereit, mit Frust in Verbindung zu kommen. Im Tierheim kann man sich gut vorstellen, was in einem Hund vorgeht, wenn Menschen zum Spazierengehen kommen und dann doch den Vierbeiner aus dem Zwinger nebenan mitnehmen. Sollten wir unseren Hund zu sehr »verwöhnt« und ihn selten mit frustrierenden Situationen in Berührung gebracht haben, müssen wir die Frustrationstoleranz durch Übungen verbessern.

Liste der Frustsituationen anfertigen

Trainieren können wir den Umgang mit Frust am besten, wenn wir auch hier eine Liste mit potenziell frustrierenden Situationen für den Hund erstellen. Einige Hunde sind frustriert, wenn sie ein zuvor präsentiertes Leckerchen nicht erhalten, andere sind es, wenn sie einem geworfenen Ball nicht hinterherlaufen dürfen. Welche Situationen das im einzelnen sind, hängt individuell vom Hund ab und kann hier nicht näher erläutert werden. Nur so viel sei noch gesagt: Wird die Erwartung nur temporär nicht befriedigt, entsteht lediglich kurzfristig Frust und man trainiert vor allen Dingen die Impulskontrolle. Besonders häufig sehen

wir das im Training, wenn Menschen von ihren Hunden verlangen, sie anzuschauen und auf eine Freigabe zu warten, bevor sie an den Futternapf dürfen. Hier entsteht zwar anfangs Frust (wenn die Übung neu ist), doch relativ schnell kennt der Hund das Spiel und muss vor allen Dingen seine Impulskontrolle bemühen (sitzen bleiben und noch nicht fressen), bevor es dann doch zur Bedürfnisbefriedigung kommt (Freigabe und Hund darf fressen).
Wenn wir also eine Verhaltensweise von unserem Hund verlangen, müssen wir sichergehen, dass seine Fähigkeit der Impulskontrolle und Frustrationstoleranz schon ausreichend trainiert sind. Ansonsten droht das **TRAINING NICHT NACHHALTIG** zu sein und ist **DEM HUND GEGENÜBER UNFAIR**.

Weiß der Hund, was zu tun ist?

Häufig erzählen Menschen, die gewisse Verhaltensweisen von ihrem Hund verlangen, was ihr Tier nicht machen soll. »Er soll nicht an der Leine ziehen« wäre ein klassischer Satz, der in der Beratung fällt, wenn wir beim oben genannten Beispiel bleiben. Doch ein Nichtverhalten gibt es nicht. **EIN HUND VERHÄLT SICH IMMER**, und so ist die Formulierung »er soll nicht…« zu unpräzise. Denn »Er soll nicht an der Leine ziehen« kann auch bedeuten, dass der Hund mir ins Bein beißt, an lockerer Leine wohlgemerkt. Umformuliert könnte das Nicht-an-der-Leine-Ziehen bedeuten, dass der Hund dicht neben mir läuft. »Er soll im Radius der Leine neben mir laufen« wäre hier eine andere Art der Formulierung. Weiter könnte man sogar vom Hund verlangen, dass er »im Radius der Leine neben mir läuft, auf meine Bewegungen achtet und sich an mir orientiert«. Vielleicht mag es kleinlich wirken, wie wir das Ziel des Trainings definieren, doch möchten wir an dieser Stelle auf etwas ganz Bestimmtes hinaus.
Wenn wir **EIN ZIELVERHALTEN DEFINIEREN**, können wir darauf hinarbeiten. Neben den bereits genannten Bedingungen für das erfolgreiche Training können wir uns hier durch **RICHTIGES ANLERNEN** häufig einen Bärendienst erweisen. Anlernen bedeutet, dass wir dem Hund mittels der operanten Konditionierung und über die Mechanismen der positiven Verstärkung und negativen Strafe zeigen, welche Ver-

haltensweisen wir von ihm verlangen. So könnten wir unserem Hund, der noch stark an der Leine zieht, beispielsweise beibringen, dass wir es absolut großartig finden (und Leckerchen spendieren), wenn er an lockerer Leine geht. **HIER HILFT DAS HUNDETRAINING DER HUNDEERZIEHUNG.** Denn wenn der Hund gelernt hat, welche Form (in der Nähe des Menschen laufen = Training) gewünscht ist, wird er später, wenn wir ihn für das falsche Verhalten bestrafen (beispielsweise über positive Strafe = Erziehung) viel leichter herausfinden, welches Verhalten keine Strafe auslöst.

AUF EINEN BLICK

- Für viele Verhaltensweisen, die wir von unseren Hunden verlangen, sind bestimmte Fähigkeiten wie Impulskontrolle und Frustrationstoleranz nötig.
- Diese Fähigkeiten sollten immer kleinschrittig aufgebaut werden.
- Die Beziehungsstrukturen zwischen Mensch und Hund und die damit verbundenen Handlungsräume sind mitentscheidend dafür, ob man seinem Hund etwas abverlangen kann oder nicht.
- Bringt man dem Hund erst bei, welche Verhaltensweisen man sich wünscht, fällt es ihm bei einem Verbot unerwünschter Verhaltensweisen später leichter, dieses gewünschte Verhalten zu zeigen.

WANN LERNT DER HUND AM BESTEN?

»Du musst raus aus der Komfortzone.« Dieser Satz ist uns allen sehr wahrscheinlich geläufig. Aber was meint diese Floskel eigentlich? Die Komfortzone zu verlassen kann bedeuten, dass wir Mut aufbringen und unsere eigene Unsicherheit überwinden müssen. Gleichzeitig ermöglicht ein Ausbrechen aus der Komfortzone allerdings auch, freier zu werden. Wir hören auf, uns von Gewohnheiten einschränken zu lassen, und haben die Chance auf persönliches Wachstum. Diese Chance bleibt uns innerhalb der eigenen Komfortzone verborgen.

An dieser Stelle sei jedoch gesagt, dass die Komfortzone nicht ausschließlich schlecht ist. Strukturbringende Muster und Gewohnheiten haben sich nicht selten aus bestimmten Gründen in uns – und gleichermaßen auch in unseren Hunden – festgesetzt. Sie sorgen für eine gewisse **SICHERHEIT** und können das Leben durchaus **BEQUEMER** machen. Solche Gewohnheiten und Bequemlichkeiten lassen jedoch kaum mehr Raum zum Wachsen und **KEINEN PLATZ FÜR NEUES**.
Wenn du zum Beispiel schon seit längerer Zeit jeglichen Hundebegegnungen ausweichst, weil du Angst vor Pöbeleien an der Leine hast, dafür lieber in ruhigen Wäldern spazieren gehst, um niemandem zu begegnen, oder gewisse Uhrzeiten für den Spaziergang meidest, so kann das zum einen natürlich Sicherheit bedeuten und dich entspannter mit deinem Hund unterwegs sein lassen. Andererseits ist es dir dann aber auch unmöglich, derartige Begegnungen mit deinem Vierbeiner zu üben. Die Folge: Es wird keine Veränderung und somit auch kein Wachstum stattfinden können.
Nicht nur unser eigenes Wachstum ist innerhalb unserer eigenen Komfortzone begrenzt, auch das Wachstum und Lernvermögen unserer Hunde stößt hier an seine Grenzen. Kleine Herausforderungen im Alltag sind es, die uns voranbringen, uns fordern und damit fördern. Das

gilt für Menschen wie für Hunde gleichermaßen. Unsere im Folgenden aufgelisteten Tipps können dir helfen, deine eigene Komfortzone zu verlassen und neue Pfade zu beschreiten.

Tipp #1: Sei aufmerksam!

Zuallererst solltest du dir im Klaren darüber sein, wie deine Komfortzone aussieht. Beobachte dich während deines Alltags mit deinem Hund und führe dir vor Augen: Wann oder in welcher Situation wählst du unbewusst den bequemeren, einfacheren Weg? An welcher Stelle haben sich gewisse Muster in deinem Leben festgesetzt, an denen du aus Gewohnheit und dem Bedürfnis nach Sicherheit weiterhin festhältst?

Tipp #2: Das Worst-Case-Szenario

Hast du einen Hund, der bei Begegnungen mit Artgenossen pöbelt? Dann frag dich doch einmal ganz rational und realistisch, was das Schlimmste wäre, das aus einer solchen Hundebegegnung resultieren könnte. Kann die Situation wirklich gefährlich sein und nachhaltigen Schaden anrichten? Oder geht es vielleicht eher darum, dass du mit deinem Vierbeiner unangenehm auffallen könntest?

Nicht selten ist es doch so, dass Pöbeleien des eigenen Hundes vor allem mit viel Scham einhergehen. Doch wie wichtig wird diese eine, vermutlich kurze Situation für andere Personen sein? Werden sie in wenigen Minuten, Stunden oder Tagen noch daran denken, was dein Hund »Verwerfliches« getan hat? Wie wichtig wird diese Situation für dich in einigen Minuten, Stunden oder Tagen sein?

In aller Regel sind solche kurzen Momente im Alltag langfristig von keiner großen Bedeutung – vor allem nicht für fremde Menschen, denen wir und unsere Hunde vermutlich gänzlich egal sind. Kann es mit diesem Wissen im Hinterkopf nicht leichter sein, sich auch mal in Situationen zu begeben, die außerhalb der eigenen Komfortzone stattfinden?

Tipp #3: Kleine Schritte

Sei nicht zu streng mit dir. Niemand, auch du selbst nicht, sollte von dir erwarten, von jetzt auf gleich dein ganzes Leben mit deinem Hund zu ändern. Beginne mit kleinen Dingen. Starte etwa damit, zwei- bis dreimal in der Woche Wege zu wählen, denen du sonst vermutlich fernbleiben würdest. Wechsle vielleicht mal nicht die Straßenseite, wenn dir jemand mit einem Hund entgegenkommt – vorausgesetzt, es ist so viel Platz, dass ihr euch auf dem Gehweg unbeschadet begegnen könnt. Besuche auch einmal einen Ort mit deinem Vierbeiner, den du normalerweise nicht ansteuern würdest, oder beginne den Gassigang zu einer Uhrzeit, die du sonst eher meiden würdest. Gehe langsam vor und überfordere dich und deinen Hund nicht.

Tipp #4: Schmiede einen genauen Plan!

Fasse einen Plan und lege fest, was du an einem bestimmten Tag mit deinem Vierbeiner unternehmen möchtest. Trage es dir vielleicht sogar in deinen Kalender ein und halte dich an diesen verbindlichen Termin. Mach daraus ein kleines Ritual, bei dem du dir vornimmst, einmal am Tag, einmal in der Woche oder ganz wie es dir beliebt, bewusst aus deiner Routine auszubrechen und etwas auszuprobieren, von dem du dachtest, du könntest es vielleicht nicht.

Tipp #5: Lass dich inspirieren!

Wofür bewunderst du andere Menschen mit ihren Hunden? Probiere doch einfach mal selbst etwas aus, was du an anderen toll findest. Um deine Komfortzone zu verlassen, musst du das Rad nicht neu erfinden. Es kann die Nachbarin sein, die jeden Morgen um acht Uhr mit ihrem Hund durch den Park joggt. Du glaubst, dass du das mit deinem Vierbeiner nicht auch machen könntest? Was soll schon passieren? Trau dich und versuche es!

Wenn du andere Menschen mit ihren Hunden beobachtest, fällt es dir vermutlich leichter, deinen Blickwinkel über den Alltag hinaus zu erweitern und neue Herausforderungen zu entdecken. Inspiration kann dabei jedes Mensch-Hunde-Gespann oder jede beliebige Situation sein.

Tipp #6: Nimm es locker!

Fehler machen und auch mal scheitern ist absolut nicht schlecht. Ganz im Gegenteil. Denn auch daran kannst du wachsen. Demnach ist es umso wichtiger, sich Rückschläge nicht allzu sehr zu Herzen zu nehmen.

Betrachte das Verlassen der Komfortzone als kleines Spiel mit dir selbst. Mal gewinnt man, mal verliert man vielleicht. Aber eine vereinzelte Niederlage sollte kein Grund sein, alles hinzuwerfen.
So eine spielerische Einstellung kann dir helfen, dich leichter zu überwinden. Wenn du deine Mission, die Komfortzone zu verlassen, allzu ernst nimmst, denkst du zu viel nach. Das kann dich daran hindern, wirklich etwas zu wagen.

Tipp #7: Mach nicht zu viel!

Begeben wir uns in Situationen, die Überforderung, große Angst oder sogar Panik in uns auslösen, wird weder Wachstum noch ein Lernen möglich sein. Das ist bei unseren Hunden übrigens nicht anders. Das größte Wachstum ist auch hier in der Lernzone angesiedelt. Bei Panik oder Flucht ist ein Lernen nicht mehr möglich.
Achte also darauf, dass du sowohl dich als auch deinen Hund immer mal wieder vor kleine Herausforderungen im Alltag stellst, ohne aber dabei dich und ihn zu überfordern. Diese Challenges lassen euch gemeinsam wachsen, sie festigen eure Verbindung und machen nicht nur dich, sondern sicherlich auch deinen Hund stolz!

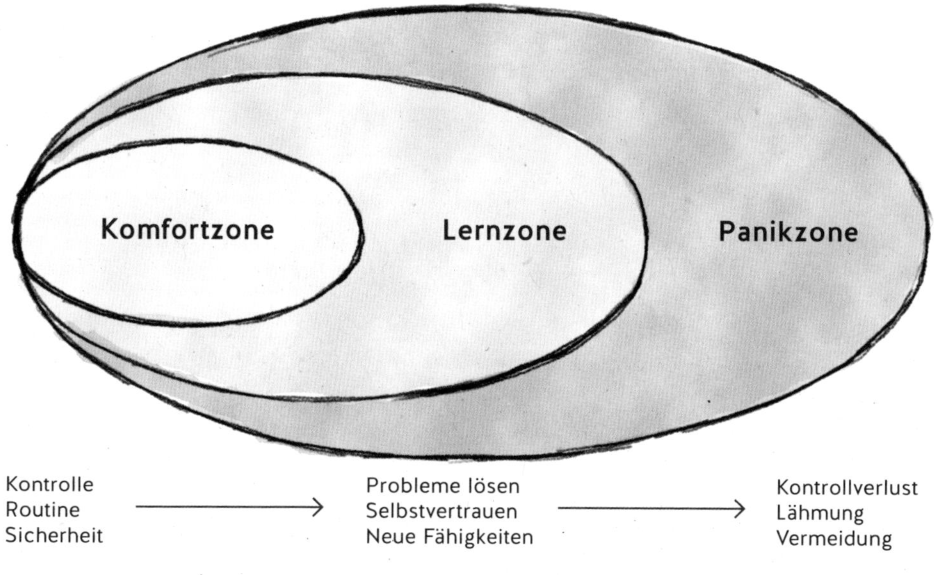

UNTERSCHIEDLICHE RASSEN, CHARAKTERE UND TALENTE

Ein sinnvoller Trainingsplan muss nicht für alle Hunde gleich aussehen. Selbst wenn zwei Vierbeiner ähnliche Verhaltensweisen zeigen, so ist jeder Hund ein Individuum – mit eigener Genetik und eigenen Erfahrungen, die zu eigenem Verhalten führen. Dazu ist auch immer die Kombination aus Hund und Mensch mit einzubeziehen, denn auch wir Zweibeiner sind alle einzigartig und haben unterschiedliche Kenntnisstände und Möglichkeiten, mit dem Hund umzugehen.

Obwohl es gilt, allgemeingültige Aussagen im Zusammenhang mit dem Hundetraining zu vermeiden, wollen wir uns doch ein paar Pauschalisierungen erlauben – und zwar, wenn es um unterschiedliche Schwerpunkte verschiedener Rassen bzw. Typen in der Erziehung und im Training geht.

Im Kapitel »Ist unsere Hundehaltung artgerecht« (ab Seite 34) haben wir schon ein wenig über die verschiedenen Hundetypen gesprochen, mit denen wir es häufiger im Training zu tun haben. Auch hier ging es um die ursprüngliche Verwendung der Hunde und die aus der Selektion nach diesen Talenten resultierende Genetik. Im Training spielt die Genetik tatsächlich auch eine große Rolle. Die Frage »Kann er das?« aus dem vorletzten Kapitel kann ergänzt werden um die Frage »Wie groß ist der Aufwand, damit er das kann?«.

Die verschiedenen Hundetypen sind für die unterschiedlichsten Aufgaben gezüchtet worden, und dafür war es nötig, gewisse (Verhaltens-) Merkmale zu selektieren. Diese Merkmale haben einen großen Einfluss darauf, wie wir mit unseren Vierbeinern trainieren (sollten). Denn eines ist sicher: Die Verhaltensweisen, die für die ursprüngliche Verwendung eines Hundes notwendig waren, braucht ein Hund in der Regel nicht besonders zu üben. Es geht eher um eine Kontrolle dieser Verhaltensweisen.

So hat beispielsweise Alex' acht Wochen alter Welpe seinem älteren Ersthund schon auf dem ersten Spaziergang in die Hinterläufe gefasst. Das heißt, dass er mit offenem Maul hinter ihm hergelaufen ist und leicht in das Hinterbein gebissen hat. Er ist ein Mischling aus einer Jagdhundrasse (Deutsch Drahthaar) und eines Hütehunds (Appenzeller Sennenhund), der zum Hüten und Treiben von Kühen eingesetzt wird und wurde. Das In-die-Hinterläufe-Zwicken ist charakteristisch für ein solches Hüten und Treiben. Der Bewegungsreiz, die sich bewegenden Beine des vor ihm laufenden Hundes, haben hier das genetisch verankerte Verhalten »hineinbeißen« gestartet. Das hat er vorher nicht gelernt, sondern es einfach so gemacht, weil sich die Gelegenheit dazu geboten und etwas in ihm gesagt hat »mach das mal«.
Sicher, das Verhalten war in dieser Situation süß mit anzuschauen, doch wir können uns vorstellen, dass es nicht angebracht ist, wenn unser

Die Kraft der Genetik: In Alex' Mischling Louie steckt ein Appenzeller Sennenhund. Diese Rasse wird zum Hüten und Treiben von Kühen eingesetzt. Dabei beißen die Hunde den Kühen in die Hinterläufe. Louie zeigte dieses Verhalten schon im Alter von acht Wochen und zwickte anderen Hunden in die Pfoten.

Hund jeden Bewegungsreiz hüten möchte. Neben der Tatsache, dass es andere Menschen und Tiere nervt oder ihnen sogar Schaden zufügen kann, ist es gefährlich für den Hütehund. Denken wir nur daran, was passiert, wenn er anfinge, Autos oder die Straßenbahn hüten zu wollen. Das richtige zu erlernende Verhalten wäre hier, Ruhe zu halten, während Bewegungsreize präsentiert werden.

Da Alex aus eigener Erfahrung genau wusste, was passieren würde, wenn er die Talente seines Hundes nicht genau im Blick behielte, unterbrach er das Hüteverhalten, das der Welpe zeigte, von Anfang an. Dafür handelte er sich im Übrigen Ärger von Passanten ein, die das mit angesehen hatten. Wie er denn diesen kleinen Hund schon bestrafen könnte, war die Frage. Zum Glück hatte er auch seinen älteren Hund dabei, der die Frau anbellte, und so konnte er antworten: »Damit daraus, wenn er erwachsen ist, kein Problem wie dieses hier wird.« Denn: Sein erster Hund, ein Schäferhundmischling, durfte einige Wochen vom Wind aufgewirbelte Blätter jagen. Er kam aus dem Tierheim und sollte nun, mit sechs Monaten, endlich etwas Spaß haben. Ehe Alex sich versah, waren aus Blättern Rehe und Hasen geworden, und er hatte einen ernsthaft jagenden Hund an der Leine. Hätte er früher eingegriffen, müsste er heute vermutlich nicht mit Schleppleine durch die Gegend laufen, weil sein Hund nach wie vor ein passionierter Jäger ist, der seine Erregung und Lust zu jagen manchmal nicht kontrollieren kann.

Typische Talente

In der Beratung erleben wir immer wieder, wie sich Menschen darüber wundern, dass der Herdenschutzhund plötzlich den Besuch nicht mehr ins Haus lassen will, der Beagle nur noch mit der Nase auf dem Boden spazieren geht oder eigenmächtig Jagdausflüge plant und der Retriever sich in jede einzelne Schlammpfütze wirft. Oder der Spitz unaufhörlich bellt, der Akita Inu eigene Entscheidungen trifft, der Border Collie Bewegung eingrenzt, der Jack-Russel-Terrier Mäuse jagt ...

Diese Aufzählung ließe sich beliebig erweitern. Manchmal kommt es uns vor, als sei die Genetik eines Hundes wie die vorinstallierten Apps auf einem neuen Smartphone, die sich nicht mehr abstellen lassen. Bei der Auswahl der richtigen Hunderasse und eines seriösen Züchters mag das noch zu bewerkstelligen sein. Doch was ist mit Hunden aus dem Tierschutz? Wie heißt es so schön: »Adopt, don't shop«, was so viel bedeutet wie: Es gibt doch genug Hunde, da brauchst du dir keinen vom Züchter zu holen. Adoptier lieber einen!

Natürlich warten viele Hunde in Tierheimen auf ein neues Zuhause. In deutschen Tierheimen kann man die Vierbeiner besuchen, sie probeweise sogar mit heimnehmen und sich meist Zeit lassen mit der Entscheidung, ob die Übernahme des Hundes »für immer« auch sinnvoll ist und ins Leben passt. Heute werden viele Hunde jedoch als Direktimport unmittelbar aus dem Ausland in die neue Familie gebracht. Da fällt die Probezeit flach, was nicht immer gut ist. Denn die mitgebrachten, oftmals im Shelter im Ausland nicht gezeigten Verhaltensweisen der Hunde, die nun plötzlich in der Großstadt leben, können schlecht wieder umgetauscht werden. Zu groß ist das eigene schlechte Gewissen, was oftmals von Tierschutzorganisationen noch geschürt wird.

Letztendlich ist aber das Wichtigste, dass das Tier zur neuen Familie passt. Unzählige Male schon haben wir Familien schweren Herzens die Entscheidung treffen sehen, den Hund mit Herdenschutzeinschlag aus Rumänien wieder abzugeben. Und ja! Das ist auch richtig so, wenn sich dieses Tier nicht gut in das Leben der Familie einfügt. Letztlich können die Hunde nichts für ihr genetisches Köfferchen, mit dem sie zu uns kommen. Sie entscheiden sich nicht dazu, bei uns zu leben. Geben wir ihnen doch eine faire Chance, und zwar indem wir uns den am besten zu unserem Leben passenden Hund aussuchen.

WUSSTEST DU ...

Hüteverhalten ist im Grunde auch nur Jagdverhalten. Es gehört zum stoffwechselbedingten Verhalten und umfasst die Verhaltensweisen Anpirschen – Orten – Fixieren – Hetzen – Packen – Töten – Zerreißen – Fressen. Bei Hütehunden wurde die Sequenz des Jagens durch gezielte Selektion so verändert, dass ein Fokus auf Fixieren, Hetzen und gehemmtes Packen liegt. Da es sich eigentlich um verändertes Jagdverhalten handelt, können auch Hütehunde zu sehr ambitionierten Jägern werden.

HILFREICHE PROBLEMLÖSUNGEN

Allmählich kommen wir zum Ende unseres Buches. Du hast nun schon viel über den Hund und eine gut strukturierte, sinnvolle Erziehung erfahren. Dabei ist klar geworden, dass du nicht immer und überall die perfekten Voraussetzungen findest, um mit deinem Vierbeiner zu trainieren.

Gerade die Tatsache, dass viele Dinge erst einmal in Übungssituationen gelernt werden müssen, bevor du sie mit deinem Hund auch im Alltag, auf der Hundewiese und der Straße einsetzen kannst, führt zu Unsicherheiten und Fragen, wie bis dahin mit dem Verhalten des Hundes in genau diesen alltäglichen Situationen umgegangen werden sollte. Eine Antwort darauf kann uns das sogenannte **MANAGEMENT** liefern.

Geschicktes Management führt zum Ziel

Von Management im Zusammenhang mit Hunden sprechen wir, wenn wir uns Gegebenheiten **PASSEND FÜR UNSERE SITUATION** zurechtlegen, ohne dabei erzieherisch auf den Hund einzuwirken. Zwei Beispiele sollen dies verdeutlichen.

Beispiel 1: Mit Futter ablenken

Eine geeignete Methode könnte es sein, das Tier **MIT FUTTER ABZULENKEN**, wenn man mit ihm an einem anderen Hund vorbeigeht. Dabei lernt der Vierbeiner nicht, dass er ein Verhalten (zum anderen Hund gehen) unterlassen soll, weil man ihm das nicht verbietet. Der Hund soll hier nichts lernen. Es geht um Ablenkung, nicht um die gezielte Belohnung für ein vom Hund gezeigtes Verhalten. Er muss also **KEIN BESTIMMTES VERHALTEN** zeigen, sondern man versucht seine Aufmerksamkeit zu bekommen, indem man das Futter präsentiert und interessant macht.

Langfristig wird sich das Verhalten des Tieres nicht groß verändern, erst recht nicht dann, wenn man mal kein Futter dabei hat. Denn dieses Management ist abhängig davon, dass der Vierbeiner das Futter sieht und riecht und es der Begegnung mit dem anderen Hund vorzieht. Dadurch wird die akute Situation entspannt und ist weitaus stressfreier für Mensch und Hund, wenn man sie so angeht.

Viele Hunde stresst es enorm, nicht zu einem Artgenossen zu kommen, gerade am Anfang des Trainingsprozesses. Sie haben den Umgang mit Frustration noch nicht so gut gelernt, und das mündet in die **STRESSREAKTION**. Fokussiert sich der Hund in dieser Situation nicht auf den Artgenossen, sondern auf das Futter, kann man die Reaktion umgehen, und der weitere Spaziergang gestaltet sich viel entspannter.

Natürlich lassen sich nicht alle Hunde mit Futter ablenken, wenn sie eigentlich zu einem Artgenossen wollen. Bei Hunden, die sich von einem Leckerli stark ablenken lassen, kann dieses Management weiterhelfen, bis das Training so weit vorangeschritten ist und man erzieherisch eingreifen kann, um dem Vierbeiner zu zeigen, dass er nicht einfach ohne Erlaubnis zu einem Artgenossen laufen soll.

Beispiel 2: Ein Ruhesignal bestimmen

Eine von unseren Kund:innen häufig genannte unerwünschte Verhaltensweise ist die fehlende Fähigkeit des Vierbeiners, Ruhe auszuhalten. Man trifft auf dem Spaziergang eine bekannte Person, möchte sich ein paar Minuten unterhalten, und schon fängt der Hund an, Unfug zu machen. Er buddelt, kaut Stöcke, zieht an der Leine, springt Herrchen oder Frauchen an oder fiept unaufhörlich. Einerseits fällt es schwer, sich dabei auf das Gespräch zu konzentrieren, andererseits ist es vielleicht auch unangenehm, weil der Hund des Gegenübers ganz brav wartet.

Um solchen Situationen aus dem Weg zu gehen, ist es sinnvoll, dem Hund von Anfang an ein **RUHESIGNAL BEIZUBRINGEN**. Ruhe heißt, dass das Tier gerade nicht dran ist, der Mensch nun etwas für sich macht und sich auch nicht durch Verhaltensweisen des Hundes aus der Fassung bringen lässt. Dabei hilft auch hier, nicht erzieherisch auf das Tier einzuwirken. Manche Hunde neigen dazu, sich die Aufmerksamkeit ihres Menschen durch unerwünschte Verhaltensweisen zu erhaschen, weil sie in der Vergangenheit gelernt haben, dass diese Herrchen oder Frauchen eine Reaktion entlocken.

Am besten greift man auch hier auf **MANAGEMENT** zurück und stellt seinen **FUSS AUF DIE LEINE.** Die Leine ist dabei so kurz, dass die bequemste Position für den Hund das Liegen ist. Man fordert dies aber nicht ein, sondern lässt den Hund selbst auf den Trichter kommen. Die Übung wird erst beendet (indem man weitergeht), wenn das Tier sich hingelegt hat. Höchstwahrscheinlich leistet der Hund einige Minuten lang Widerstand, zu Beginn kann es auch mal länger dauern. Doch die Zeit sollte man sich nehmen. Mit jeder Wiederholung wird die Wartezeit, bis der Vierbeiner sich hinlegt, geringer. Irgendwann legt er sich sofort hin, sobald der Fuß auf der Leine ist oder er angebunden wird. Hier hat **KONTEXTSPEZIFISCHES LERNEN** stattgefunden. Der Hund weiß: Mein Mensch macht gerade etwas, ich habe jetzt Pause.

Hör auf dein Bauchgefühl

Leider können wir hier nicht alle Managementmaßnahmen aufführen, die es gibt. Vor allem stellt sich die Frage, was bedeutet »alle« überhaupt, denn auch Management kann sehr individuell sein – je nachdem, was du, dein Hund und ihr als Team leisten könnt. Deiner Kreativität sind keine Grenzen gesetzt, wie du gewisse Situationen bewältigst. Sie sollte nur dem Training und deinen Zielen nach den lerntheoretischen Grundlagen nicht in die Quere kommen. Mach dir ruhig ein paar Gedanken und probiere aus, was für dich und dein Tier am besten funktioniert, denn niemand kennt es so gut wie du selbst.

Auch wenn dir vielleicht das eine oder andere Fachwort fremd ist oder du im Umgang mit deinem Hund Fehler gemacht hast, die dir Außenstehende vorwerfen könnten – es gibt nur einen Rat: **HÖR AUF DEIN BAUCHGEFÜHL.** Nichts ist wichtiger als das!

Aus der Erfahrung unzähliger Beratungen heraus können wir dir mitgeben, dass es einen Grund dafür gibt, wenn dir gewisse Handlungsempfehlungen Bauchschmerzen bereiten. Entweder sind sie falsch erklärt worden oder bei dir noch nicht richtig angekommen. Oder aber sie ergeben tatsächlich keinen Sinn für dich und deinen Hund. Sich auf sich selbst zu verlassen und seinem Gefühl für das Tier zu folgen ist ein wichtiger Baustein im Zusammenleben zwischen Mensch und Hund. Weiterhin wollen wir an dieser Stelle noch einmal betonen, dass dieser Ratgeber vor allen Dingen Denkanstöße geben und ein wenig Licht ins Dunkel bringen soll – in diesem für viele Hundehalter:innen verwirrenden Dschungel an verschiedenen Trainingsansätzen und Philosophien im Hundetraining. Kein Buch kann jedoch eine professionelle Beratung ersetzen. Wenn du also ein ernstes Problem mit deinem Hund hast, das Verhalten des Vierbeiners dir Leidensdruck beschert bzw. du sinnvoll an unerwünschten Verhaltensweisen arbeiten möchtest, dann hole dir bitte Hilfe bei professionellen Hundetrainer:innen.

Manchmal ist es sinnvoller, auf wohldurchdachtes Management zurückzugreifen und nicht erzieherisch auf den Hund einzuwirken – besonders wenn wir gewisse Situationen noch nicht mit ihm trainiert haben.

9

»Ich schaffe das!«

14 TAGE OHNE SCHIMPFEN – DIE CHALLENGE

In diesem Buch haben wir dir einige Impulse, praktische Übungen und theoretisches Wissen an die Hand gegeben. Nun gilt es, dies alles in den Alltag und die Erziehung deines Hundes zu integrieren. Probiere es aus und versuche es einmal ohne schimpfen!

LOS GEHT'S – SO KANNST DU ES SCHAFFEN

Gewohnheiten und Verhaltensweisen verändern sich nicht von heute auf morgen. Am besten macht man sich die eigenen Verhaltensweisen bewusst und passt sie immer wieder an, um Veränderungen zuzulassen und diese auch langfristig in den Alltag zu übernehmen.

In den kommenden zwei Wochen darfst du dich gezielt darauf fokussieren, das neu Erlernte aus diesem Buch in euren Alltag zu integrieren. Nun geht es darum, durch dein planvolles Handeln Konflikte mit dem Hund konstruktiv zu lösen, ohne dass du dabei deinen Emotionen unkontrolliert »Luft machen« müsstest. Wir wollen dich auf diesem Wege unterstützen und haben für dich und deinen Hund eine tolle Herausforderung zusammengestellt. Unser Ziel: Du schaffst es, 14 Tage lang nicht zu emotional, nicht irrational und nicht übertrieben negativ auf das Verhalten deines vierbeinigen Lieblings zu reagieren. Kurz: **DU SCHIMPFST 14 TAGE LANG NICHT MIT DEINEM HUND!**

Das Gelernte in die Praxis umsetzen

Uns ist natürlich bewusst, dass jedes Mensch-Hund-Team ganz individuell funktioniert. Jeder Mensch ist anders, und jeder Hund hat seine ganz persönlichen Themen, die er mitbringt. Daher haben wir die Challenge so gestaltet, dass sie für alle Leser:innen einen Mehrwert bietet, ohne zu sehr an der Oberfläche zu kratzen. Unsere konkreten Übungen und Handlungsvorschläge sind auf der einen Seite allgemein gehalten, regen aber gleichzeitig zum **BEOBACHTEN, LERNEN UND REFLEKTIEREN** an. Wir sind uns sicher, dass du mit dieser Challenge die Inhalte des Buches vertiefen und deinen Hund besser verstehen wirst. Im besten Fall fühlst du dich danach gut, weil du 14 Tage lang nicht unnötig mit deinem Hund geschimpft hast und die im Buch gelernten und in der Challenge angewendeten Dinge in den Alltag übertragen kannst.

14 Tage üben

Wenn wir 14 Tage lang aktiv an unserem Verhalten und dem unseres Hundes arbeiten, können wir bereits einiges erreichen, aber vielleicht nicht alles, was wir uns wünschen. Hunde, die ein ernsthaftes Problemverhalten an den Tag legen, werden es sicher nicht so schnell ablegen. Daher unser **DRINGENDER APPELL** an dich: Mach bitte nichts, wobei du ein ungutes Bauchgefühl hast oder du denkst, das könnte dich, deinen Hund oder Dritte in Gefahr bringen. Wenn du nur den kleinsten Zweifel hast, ziehe bitte immer einen professionellen Hundecoach hinzu, der dich bei deinem konkreten Problem beraten kann.

Aber genug geredet. Lass uns am besten gleich beginnen. Du hast sicher Lust, deine erste Aufgabe kennenzulernen. Auf geht's! Wir wünschen dir **VIEL ERFOLG UND VIEL SPASS** bei der Umsetzung der einzelnen Übungen.

Aller Anfang ist schwer?

Nicht bei unserer »14-Tage-ohne-Schimpfen-Challenge«! Den Anfang macht die Lerntheorie, bei der es um Übungsaufbau und lerntheoretische Mechanismen geht. Denk daran, dass dein Hund in den meisten Situationen eher **AUF SEINEN VORTEIL BEDACHT** ist und nicht Dinge bewusst ausführt, um dich auf die Palme zu bringen.

Wir wollen in den nächsten zwei Wochen **VERSTÄNDNIS FÜR DAS VERHALTEN UNSERES HUNDES** erlangen und uns möglichst nicht persönlich angegriffen fühlen. Dabei kann es helfen, die reine Sachebene zu betrachten. Das heißt, beobachte zunächst nur, anstatt direkt zu interpretieren. In einem Beispiel sähe das so aus: Die Beobachtung »Der Hund geht aus dem Zimmer und legt sich mit dem Rücken abgewandt in sein Körbchen« beschreibt schlicht sein Verhalten. »Jetzt ist er beleidigt« ist eine (menschliche) Interpretation.

Tag 1: Lerntheorie anhand der Übung »Stop & Go«

In Kapitel 4 hast du die einfache und doch so herausfordernde Übung »Stop & Go« kennengelernt (siehe Seite 58). Schau dir nochmals das Video an, das du von dir und deinem Hund gemacht hast. Wenn du den kleinen Film nicht mehr hast – gar kein Problem. Geh noch einmal

Die Stop-&-Go-Übung bietet wunderbare Möglichkeiten, die dahinterstehenden lerntheoretischen Mechanismen zu betrachten und zu verinnerlichen. Sie eignet sich hervorragend dazu, die Begrifflichkeiten zu lernen.

zurück, absolviere die Übung erneut und filme dich dabei. Das Video verwendest du nun für deine Analyse. Überlege: Welche **LERNTHEORETISCHEN MECHANISMEN** wirken bei dieser Übung? Gliedere die Übung in einzelne Schritte und schreibe die **BELOHNENDEN UND BESTRAFENDEN ASPEKTE** auf.

Lösung:

Mit dem Hund in Kommunikation treten: Meist baust du hier ein wenig Präsenz = Druck auf. Der Hund muss sich mit dir beschäftigen, weil du erst locker lässt, wenn er dich anschaut. Der Druck ist eine positive Strafe und in dem Moment, in dem du den Druck wieder wegnimmst, weil der Hund aufmerksam ist, wirkt diese Wegnahme als negativer Verstärker.

Entfernen vom Hund: Du solltest den Blickkontakt aufrecht halten, während du dich vom Hund entfernst. Der Druck nimmt nicht zu und nicht ab, weil sich der Hund genau so verhalten soll, wie er es gerade tut (stehen bleiben und auf den Menschen achten). Sollte sich dein Vierbeiner bewegen, wird Druck aufgebaut (positive Strafe). Dann lädst du ihn zu dir ein. Du nimmst den Druck weg und machst eine einladende Geste. Der Hund kommt auf dich zu, und du verhältst dich neutral.

Nun stoppst du ihn mit etwas Druck (positive Strafe), bis das Tier stehen bleibt. Dein Druck wird weniger (negative Verstärkung), du lädst den Hund freundlich ein und streichelst ihn, wenn er bei dir ist (positive Verstärkung).
Mach dich nicht verrückt, wenn du die Begrifflichkeiten noch nicht hundertprozentig richtig benutzt. Wichtiger ist es, die Wirkung hinter den einzelnen Handlungen zu verstehen. Wir befinden uns bei dieser Übung im **OPERANTEN LERNVERHALTEN**, denn der Hund verhält sich und bekommt ummittelbar darauf eine Konsequenz zu spüren (angenehm oder unangenehm).

Tag 2: Die Übung »Auf der Decke bleiben«

Wir haben beim planvollen Training (siehe Seite 148) darüber gesprochen, dass es für viele Trainingsziele wichtige Bedingungen gibt, die erfüllt sein müssen, damit du das Verhalten deines Hundes in dieser Situation verändern kannst. Schreib dir am besten immer auf, welche **ZWISCHENZIELE** dein Ziel hat und über welche **FÄHIGKEITEN** dein Hund für diese Aufgaben bereits verfügen muss. Wir wollen das üben und nennen dir ein Beispiel für unsere heutige Aufgabe:

Mögliche Lösung:

Das **ZIEL** lautet: Der Hund soll beim Klingeln auf seiner Decke bleiben:
Zwei Voraussetzungen dafür sind wichtig:

» Der Hund beherrscht ein Mindestmaß an Impulskontrolle und Frustrationstoleranz.
» Der Hund kann deinen Kommandos folgen und akzeptiert deine Grenzen.

Die **ZWISCHENZIELE** werden in mehrere Schritte gegliedert:

» Der Hund kann auf die Decke geschickt werden ohne Ablenkung.
» Der Hund kann auf die Decke geschickt werden während einer leichten Ablenkung.
» Der Hund kann auf der Decke bleiben ohne Ablenkung.
» Der Hund kann auf der Decke bleiben, obwohl eine verlockende Ablenkung präsent ist.

Denk daran, dass wir dem Hund gewisse Verhaltensweisen erst einmal beibringen wollen, bevor wir den Anspruch an ihn erhöhen. Die hier genannten Zwischenziele kannst du über positive Verstärkung und negative Strafe erreichen. Wenn du eine geeignete Belohnung (in den meisten Fällen ein Futterhäppchen) für deinen Vierbeiner gefunden hast, geht es auch schon an die Arbeit. Kennt dein Hund das Kommando »Decke« noch nicht? Kein Problem! Wir bringen es ihm wie folgt bei:

Schritt 1: Zeige deinem Hund das Leckerchen und führe ihn mit dem Futter auf die Decke. Dort bekommt er das Häppchen. Hole den Hund wieder von der Decke herunter und wiederhole diesen Schritt mehrmals hintereinander. So lernt der Hund, dass er an das Futter kommt, wenn er seine Pfoten auf die Decke bzw. ins Körbchen setzt.

Schritt 2: Bringe deinen Hund einige Schritte von der Decke entfernt ins Sitz und zeige ihm das Leckerchen. Lege das Leckerchen für ihn gut sichtbar auf die Decke und gehe wieder zu ihm zurück. Dann gibst du das Leckerchen frei, sodass der Hund von sich aus auf die Decke geht, um sich das Futter zu holen.

Schritt 3: Wenn du dein Tier zuverlässig aus einigen Schritten Entfernung auf die Decke freigeben kannst, wie in Schritt 2 beschrieben, fügst du nun das Auf-der-Decke-Verweilen hinzu. Ist der Hund auf der Decke, um das Futter zu suchen, gehst du hinter ihm her und hast weitere Leckerchen parat. Sobald der Vierbeiner sein Leckerchen von der Decke aufgenommen hat, legst du weiteres Futter auf die Decke. So lernt der Hund eine neue Erwartungshaltung: »Wenn ich auf die Decke gehe, gibt es erst das eine Leckerchen und dann sofort noch mehr davon.«

Schritt 4: Der Hund hat nun nach der Freigabe aus einigen Schritten Entfernung (Schritt 2) die Erwartungshaltung an Futter entwickelt (Schritt 3). Diese Erwartungshaltung machen wir uns nun zunutze. Du gehst wie gehabt vor, bis der Hund das erste Leckerchen aufgenommen hat. Dann legst du direkt ein zweites Leckerchen auf die Decke, wartest aber ganz kurz mit dem dritten Leckerchen. Der Hund sollte eine hohe

Erwartung an das Futter haben, denn er war gewohnt, dass nun viel Futter auf der Decke verteilt wird. Du wartest nur ganz kurz, es reicht eine Sekunde, bis du Leckerchen Nr. drei gibst. Danach wartest du wieder eine Sekunde, bis Leckerchen Nr. vier kommt. Geht der Hund von der Decke, bleibt das Leckerchen aus. Verweilt der Hund auf der Decke und wartet die eine Sekunde ab, hat er ein erstes »bleib« geschafft. Zwar nur für eine Sekunde, aber daran lässt sich gut anknüpfen.

Schritt 5 und 6: Nun baust du die zeitliche Komponente zwischen den einzelnen Leckerchen weiter aus, bis der Hund richtig warten kann. Denk daran, ihn von Anfang an vor dem Verlassen der Decke wieder freizugeben. Das ist wichtig, damit er versteht, dass **DU ALLEIN** darüber entscheidest, wann er die Decke wieder verlassen darf, und es dafür ein Freigabesignal gibt.

Wichtig: Sollte dein Hund diese Übung noch nicht kennen oder nur zu deiner Unzufriedenheit ausführen, musst du sehr kleinschrittig vorgehen. Am besten absolvierst du dann den gesamten Trainingsaufbau von Schritt 1 bis 6 über die gesamten 14 Tage.

Tag 3: Qualitativ hochwertig kommunizieren

Erinnerst du dich noch an die Informationen zur Kommunikation aus Kapitel 4, in denen du etwas über die Beziehungs- und Sachebene innerhalb der Kommunikation erfahren hast? Anhand des Eisbergmodells haben wir dir beispielhaft erklärt, wie Informationen, die wir geben, bei unserem Gegenüber ankommen können (siehe Seit 102 f.). Hierbei ist immer zu bedenken, dass nicht nur das Gesprochene, sondern auch unser Handeln im Alltag einen fundamentalen Einfluss auf jene Dinge hat, die auf der Beziehungsebene bei unserem Hund ankommen.

Deine Aufgabe für heute

Beobachte dich, wie du mit deinem Hund kommunizierst. Damit ist jegliche Interaktion gemeint, die zwischen dir und dem Tier stattfindet. Werde dir also bewusst über all deine Worte, deine Blicke und deine Berührungen, die an den Hund adressiert sind. Notiere dir Folgendes:

» Wie häufig hast du deinen Hund heute angesehen?
» Wie häufig hast du ihn heute angefasst?
» Wie häufig hast du ihn vermeintlich grundlos angesprochen, z. B. »Du siehst ja süß aus, wie du da in deinem Bettchen liegst«?
» Wie häufig hast du ihn mit gutem Grund angesprochen, z. B. Rückruf oder ein anderes Kommando, das du ihm gegeben hast?

Am Ende des Tages ziehst du Bilanz. Wie viele der Interaktionen, die stattgefunden haben, waren am Ende **WIRKLICH NOTWENDIG**? Welche hatten eine **HOHE QUALITÄT:** wertschätzendes Kuscheln versus beiläufiges Tätscheln des Kopfes? Worauf könntest du vielleicht verzichten? Das bedeutet nicht, dass du deinen Hund krampfhaft ignorieren solltest. Vielmehr dienen solche Beobachtungen dazu festzustellen, in welcher Qualität die Interaktionen stattfinden. Es geht weniger darum, seltener Interaktionen zwischen dir und deinem Hund geschehen zu lassen, als vielmehr darum, sich im Vorfeld bewusst zu machen, welche Art der Interaktion von bedeutender Qualität und Relevanz ist.
Wie oft hast du heute zum Beispiel ein Kommando gegeben, es aber am Ende gar nicht wirklich eingefordert oder wieder aufgelöst? Wie oft hast du mit deinem Hund gesprochen, ohne wirklich etwas von ihm zu wollen? Wie häufig hast du ihn angesehen und ihm somit Aufmerksamkeit geschenkt, wo diese vielleicht gar nicht angebracht gewesen war? Wir werden diese Informationen im weiteren Verlauf der Challenge noch einmal aufgreifen, und du wirst die Möglichkeit bekommen, zielführender mit deinem Hund zu interagieren (siehe Tag 6, Seite 179).

Tag 4: Ruhe halten können

Ist dein Vierbeiner manchmal ungeduldig oder sogar quengelig, wenn es darum geht, im Restaurant zu verweilen, im Park an einer Bank zu warten oder bei einem Besuch Ruhe zu halten? Nicht selten sind solche augenscheinlich langweiligen Aktivitäten für unsere Hunde mit viel Auf-regung verbunden. Oft haben sie eine große Erwartungshaltung, weil sie gewohnt sind, von Freunden, Familienmitgliedern oder Passanten Aufmerksamkeit erhaschen zu können. Vielen Hunden fällt es daher nicht leicht, in solchen Situationen gut zur Ruhe zu kommen.

Wir können ihnen helfen, indem wir sie auf solche Momente vorbereiten und sie in einem ruhigen Umfeld erproben. Besonders die kläglich jaulenden Lautäußerungen, die Hunde vor Frust manchmal von sich geben, sind uns im Alltag oft unangenehm und verleiten uns, mit ihnen zu schimpfen, um nicht negativ aufzufallen. Doch für viele Hunde bedeutet leider auch diese Art der Aufmerksamkeit einen Erfolg, weil sie sie nicht als adäquate Strafe betrachten. So festigen sich die lästigen Verhaltensweisen häufig und werden zu hartnäckigen Problemen im Alltag, die sich oftmals nur sehr mühsam wieder abgewöhnen lassen.

Heute hast du die Chance, solche Szenarien zu üben, ohne dass dir das Gequengel deines Hundes unangenehm wird und du Gefahr läufst, mit ihm zu schimpfen. **STELLE EINEN RESTAURANTBESUCH NACH**, indem du deinem Hund eine Decke neben den Esstisch legst und ihn dort anleinst, während du selbst isst. Versuche während dieser Zeit, deinen Fokus ausschließlich auf dich und die anderen potenziell anwesenden Menschen zu legen, während du deinem Vierbeiner keine Aufmerksamkeit schenkst. Diese Übung kann deinem Hund helfen, schneller zu entspannen und herunterzukommen. Beende die Situation, sobald er zur Ruhe gefunden hat, und leine ihn kommentarlos wieder ab.

Du kannst diese kleine Übung variieren, indem du die Ablenkung, die Umgebung oder die Dauer variierst:

» Schritt 1: Zu Hause am Esstisch ohne Besuch, ungefähr 15 Minuten lang (Achtung, leine deinen Hund nur ab, wenn er sich wirklich ruhig verhält. Andernfalls würdest du das unerwünschte Verhalten deines Hundes ungewollt verstärken).

» Schritt 2: Zu Hause am Esstisch ohne Besuch, die Zeitspanne ist deutlich erhöht, etwa 30 Minuten lang.

Hunde können Ruhe gut ritualisiert lernen. Immer wenn sie irgendwo angebunden werden, sind sie nicht an der Reihe. So lernen sie schnell, in dieser Situation abzuschalten.

» Schritt 3: Zu Hause am Esstisch mit Besuch, der es schafft, deinem Hund keine unnötige Aufmerksamkeit zu schenken.
» Schritt 4: An einer Parkbank, die ruhig gelegen ist, sodass dein Hund nicht vielen Reizen widerstehen und großen Frust aushalten muss.
» Schritt 5: An einer Parkbank, wo die Reizlage deutlich höher ausfällt, aber immer noch aushaltbar für deinen Hund ist.
» Schritt 6: In der Fußgängerzone bei hoher Reizlage.
» Schritt 7: In einer ruhigen Ecke in einem Restaurant, in Gesellschaft, in der du dich wohlfühlst und es dir nicht sofort unangenehm wird, wenn dein Vierbeiner mal Laute von sich geben sollte.

Unser Tipp!
Sollte es deinem Hund besonders schwerfallen, zur Ruhe zu kommen, kannst du ihm das Verweilen auf der Decke etwas leichter machen, indem du ihm etwas zum Knabbern gibst. So verspürt er weniger Frust, und das Verweilen auf der Decke wird ihm infolgedessen sehr wahrscheinlich deutlich leichter fallen.

Tag 5 »Sitz« – ständig verwendet, selten gut gelernt

Wann hast du dich zuletzt richtig intensiv dem »Sitz«-Signal gewidmet? Viele Hundehaltende können diese Frage gar nicht beantworten – zumindest wenn ihre Hunde keine Welpen oder Jungtiere mehr sind. In unserer heutigen Challenge geht es also darum, sich mit den Grundlagen der Hundeerziehung zu beschäftigen und einem der am häufigsten abgefragten Kommandos in unserem Alltag ein wenig Beachtung zu schenken. Doch was bedeutet »Sitz« überhaupt? Das Ziel definieren wir wie folgt: Der Hund setzt sich beim Hören des Signals auf seinen Po und verweilt dort so lange, bis das Signal durch ein »ok« aufgelöst oder ein alternatives Verhalten gefordert wird (z. B. »Platz« oder »Hier«). Ein »Bleib« ist theoretisch also nicht erforderlich.
Was sieht nun deine heutige Aufgabe konkret aus? Nimm auf den Gassigang 20 bis 30 Leckerlies mit. Dann übst du mit deinem Hund in drei bis vier kleinen Einheiten das »Sitz«. Wähle eine Umgebung, die deinen Vierbeiner herausfordert, ihn aber nicht unbedingt dazu verleitet, Fehler zu machen.

Wenn du möchtest, kannst du Ablenkungen einbauen, z. B. um ihn herumgehen, hüpfen, einen Keks auf den Boden werfen, so tun, als hättest du etwas Spannendes gefunden, oder Ähnliches. Belohne deinen Hund in regelmäßigen Abständen. Während des Belohnens kannst du das Wort »Sitz« noch einmal wiederholen. Dann entfernst du dich erneut. Möchtest du Ablenkungen einbauen, so beachte bitte die 1:3-Regel: Wenn du zur Ablenkung beispielsweise um deinen Vierbeiner herumgehst, so umkreist du ihn nur einmal komplett, dreimal nur halb – einmal schwer, dreimal gut schaffbar. Sollte das Tier wieder aufstehen, führe es mit der Hand und dem Sichtzeichen zurück in die Ausgangsposition, aber belohne es danach nicht sofort.
Wir haben heute keine Korrekturanweisung für dich, sondern möchten einfach nur, dass du dich noch einmal mit klassischer Grunderziehung beschäftigst. Bitte beachte: Wenn du die Einheit beenden willst, geh zu deinem Hund zurück, belohne ihn noch einmal und gib ihn dann wieder frei. Rufe ihn bitte nicht aus dem »Sitz« ab.

Tag 6: Weniger reden, mehr machen!

Was hast du an Tag 3 dieser Challenge über dich und die Kommunikation mit deinem Hund erfahren? Ist dir aufgefallen, dass du sehr oft mit ihm sprichst und auf verbaler Ebene auf ihn einzuwirken versuchst, ohne dass er die von dir gewünschte Reaktion zeigt? Wir haben heute eine tolle Idee für dich: Hast du schon mal versucht, einen gesamten Tag lang nicht mit deinem Hund zu sprechen? Falls nicht, probiere es aus. Oft wiederholen wir uns mehrfach, drücken uns nicht klar aus und sagen Dinge sogar anders, als wir sie vermutlich meinen. Das können wir umgehen, indem wir einfach mal nichts sagen – was nicht bedeutet, dass Kommunikation gänzlich auf der Strecke bleibt. »Man kann nicht nicht kommunizieren«, wusste schon der Philosoph und Kommunikationswissenschaftler Paul Watzlawik, und er hatte damit recht.
Selbst wenn wir mit unseren Vierbeinern nicht auf verbaler Ebene kommunizieren, teilen wir ihnen vieles mit. Nicht selten sind wir für sie sogar klarer und eindeutiger zu verstehen, wenn wir uns bemühen, die digitale Kommunikation, für die wir Menschen bekannt sind, in gewissen Situationen völlig außer Betracht zu lassen.

Management bietet uns die Möglichkeit, uns vom (Fehl-)Verhalten des Hundes abzugrenzen, weil wir nicht erzieherisch eingreifen müssen.

Es klingelt an der Tür, dein Hund rennt bellend hin, aber du möchtest, dass er in seinen Korb geht. Schimpfe nicht mit ihm und sage ihm auch nicht mehrfach, was er zu tun hat. Bringe ihn zum Beispiel mit dem Hilfsmittel Leine ganz neutral und unaufgeregt an seinen Platz. Wenn er sofort wieder aufstehen möchte, kannst du ihn dort auch kurz anleinen.

Bei diesem Vorhaben gehst du sehr freund-lich vor. Deine Aktion soll nicht den Effekt einer Strafe für deinen Hund haben, sondern vielmehr den Druck nehmen, dass du hier in einen Konflikt mit deinem Vierbeiner gehst – indem du ihn auf die Decke schickst, während er an der Tür bellen will. Das Gute daran? Ordnest du deinem Hund nicht an, etwas Bestimmtes zu tun, sondern leitest ihn einfach mit Nachdruck an, so ersparst du dir und deinem Hund eine Diskussion, die dazu führen könnte, dass du genervt wärst und Gefahr laufen würdest, ihn zu schimpfen.

Du hast es ausprobiert und durchgezogen? Sehr gut! Was ist dir aufgefallen? Wie häufig willst du Dinge zu deinem Hund sagen, die keine Notwendigkeit haben? Was kannst du tun, statt zu sprechen? Was fehlt dir, ohne Worte? Was fiel dir leicht? Was schwer? Schreibe es auf!

1. Wenn du die Kommunikation mit deinem Hund betrachtest: Worauf kannst du auch in Zukunft in eurem Alltag häufiger verzichten?

- -

- -

- -

❷ Was hat gefehlt? Worauf möchtest du in Zukunft nicht verzichten?

- -

- -

- -

❸ Was war dein größter Lernerfolg aus dem Versuch in einem Satz?

- -

- -

- -

Tag 7: »Verstehst du wirklich, was ich von dir will?«

An Tag 5 dieser Challenge hast du dich bereits mit dem Grundkommando »Sitz« auseinandergesetzt. Heute gilt es zu prüfen, wie gut sowohl Hör- als auch Sichtzeichen wirklich bei deinem Hund verknüpft sind. Rufe dein Tier zu dir und positioniere dich frontal vor ihm. Nun sagst du einfach das Wortsignal »Sitz«, ohne ein Handzeichen zu geben. Dein Hund setzt sich umgehend hin? Hervorragend! Du kannst ihn dafür gern belohnen. Denk danach unbedingt daran, das Kommando wieder aufzulösen. Setzt sich dein Hund nicht hin? Dann gib ihm an dieser Stelle gern noch eine weitere Chance und wiederhole das Kommando. Sollte es nach wie vor nicht zum gewünschten Ergebnis kommen, kannst du davon ausgehen, dass dein Hund das reine Wortsignal nicht gut mit der Zielhandlung »Sitz« verknüpft hat.

Um dies zu erreichen, ist es wichtig, dass du das Wortsignal »Sitz« eine halbe Sekunde bis zwei Sekunden VOR dem Sichtzeichen gibst, sodass eine Konditionierung in Bezug auf das Hörzeichen stattfinden kann. An-dernfalls kann es zu einer sogenannten Überschattung kommen. Dein Hund wird nur auf das Sichtzeichen achten, wenn du das Wort-

signal zeitgleich oder zu spät gibst. Infolgedessen wird er in Zukunft eben auch nicht auf das reine Hörzeichen reagieren.
Wenn du das Gefühl hast, dass dein Hund sowohl Hör- als auch Sichtzeichen gut verknüpft und verinnerlicht hat, kannst du mal prüfen ob er das Kommando auch befolgt, wenn du es z. B. im Sitzen gibst. Eine andere Option könnte es sein, dass du dich mit dem Rücken zu deinem Vierbeiner stellst oder dich nach unten beugst und in eine »komische« Position begibst. Lass deiner Fantasie freien Lauf. Und probiere ruhig auch einmal aus, was passiert, wenn du dem Hund das Sichtzeichen für »Platz«, aber das Wortsignal für »Sitz« gibst ...
Wir sind der festen Überzeugung, dass viele Dinge, die wir von unseren Hunden im Alltag unter teils schwierigen Bedingungen erwarten, von ihnen nur sehr schwer leistbar sind, weil wir uns selten ausreichend Zeit nehmen, diese Grundkommandos kleinschrittig genug aufzubauen. Die gute Nachricht: Dafür ist es nie zu spät. Du kannst noch heute damit anfangen, diese kleinen, aber so ungeheuer wichtigen Kommandos häufiger im Alltag mit deinem Tier zu trainieren.

Tag 8: Mach mal Pause!

Hast du dir schon einmal Gedanken darüber gemacht, ob dein Hund ausreichend beschäftigt und ausgelastet ist? Wir denken schon. Die Annahme, dass man zu wenig mit seinem Vierbeiner macht, plagt viele unserer Kund:innen, die zu uns in Coachings kommen. In fast allen Fällen können wir dich beruhigen und dir den Druck nehmen. Die meisten Hundehaltenden machen sogar eher zu viel.
Einen Hund körperlich auszulasten ist nicht unmöglich, aber es sollte nicht unser tägliches Ziel sein. Sind wir Menschen nur dann glücklich und zufrieden, wenn wir uns vollkommen verausgabt haben und abends nur noch tot ins Bett fallen möchten? Wahrscheinlich nicht. Genau wie wir Menschen benötigen auch Hunde Pausen und ruhige Tage, um abschalten und herunterfahren zu können.
Geh also heute keine ein bis zwei Stunden spazieren und trainiere auch nicht mit deinem Hund. Ein paar kleine Runden zum Lösen sind an solchen Tagen absolut ausreichend. Nun hast du vielleicht einmal die Möglichkeit, etwas zu tun, für das ansonsten weniger Zeit bleibt. Du kannst

am Abend mal reflektieren, wie dein Hund sich an diesem Tag verhalten hat. Die meisten Menschen stellen nämlich mit Erstaunen fest, dass ein Pausentag in der Woche mitnichten zu Unruhe und Gereiztheit bei ihren Hunden führt, sondern sie teilweise sogar richtig entspannt.
Sollte das nicht der Fall sein, ist es vielleicht nicht verkehrt, an dieser Stelle über die Erwartungshaltung des eigenen Vierbeiners nachzudenken und zu überlegen, ob es nicht sinnvoll sein könnte, er würde solche Tage gut aushalten können. Was geschieht schließlich, wenn du krank bist und tatsächlich keine großen Runden mit ihm spazieren gehen kannst? Schon darüber nachgedacht?

Tag 9: Wie oft schaut dein Hund?

Hast du einmal darauf geachtet, wie oft dein Hund dich auf einem Spaziergang ansieht? Um das herauszufinden, gibt es eine gute und gleichzeitig äußerst simple Methode. Nimm ca. 30 kleine Leckerlis mit nach draußen und stecke sie in deine linke Jackentasche. Für jeden Blick, den dein Hund dir aus freien Stücken widmet, wandert ein Leckerli von der linken in die rechte Jackentasche. Am Ende des Spaziergangs zählst du nach, wie viele Leckerlis die Seite gewechselt haben.
Sollte dein Hund nur sehr selten zu dir schauen, lohnt es sich, manchmal ein paar Richtungswechsel einzubauen, das Tempo zu erhöhen oder zu drosseln oder zwischendrin auch mal stehen zu bleiben. Belohne deinen Hund heute nicht mit den Leckerlis! Wir werden sie morgen brauchen können.

Tag 10: Den Blickkontakt verstärken

Nachdem du gestern herausgefunden hast, wie oft dein Hund dich während des Spaziergangs aus freien Stücken angesehen hat, geht es heute darum, genau diese Blicke zu verstärken und zu belohnen. Nimm dir heute exakt jene Anzahl an Leckerlies mit auf den Spaziergang, die gestern die Jackentasche wechseln durften, und belohne deinen Hund für all die Blicke, die er dir freiwillig schenkt. Sollte dein Hund in größerer Entfernung zu dir sein, während er dich anschaut, lobe ihn zunächst verbal und präsentiere ihm dann auf Distanz die Belohnung, damit er zu dir kommt, um sie abzuholen.

Auch bei diesem Spaziergang kannst du gern wieder ein paar Richtungs- und Tempowechsel einbauen und deinen Hund belohnen, wenn er auf dich achtet und sich an dir orientiert. Hast du am Ende des Spaziergangs alle Leckerlis gebrauchen können? Falls ja, nimm morgen fünf Leckerlis mehr mit. Wenn auch diese Leckerlis aufgebraucht werden, ist es ratsam, nicht mehr jeden, sondern vielleicht nur jeden zweiten oder dritten Blickkontakt deines Hundes zu belohnen und sich hier die Macht der partiellen Verstärkung zunutze zu machen.

Tag 11: Komm mal runter!

Hast du dir bereits einen schönen Platz ausgewählt, den du immer wieder aufsuchst (siehe Seite 120 f.)? Falls nicht, nutze heute die Zeit dafür und etabliere diese Routine für dich und deinen Hund. Das regelmäßige Ruhen und Verweilen wird ihm helfen, die eigene Frustrationstoleranz auszubauen, und dir sehr wahrscheinlich schnell kleine Momente der Entspannung auf euren Spaziergängen liefern. Versuche den Sitzplatz in nächster Zeit bestenfalls einmal die Woche, mindestens jedoch einmal im Monat aufzusuchen. Beantworte am Sitzplatz folgende Fragen:

- » Wie schnell kommt dein Hund heute zur Ruhe?
- » Was hilft ihm, diese Pause anzunehmen, und wie wirkt er danach?
- » Wie geht es dir nach der Pause am Sitzplatz? Tut sie dir gut?

Falls du bemerkst, dass den Hund das Verweilen und Ruhen frustriert, so kannst du ihm das nächste Mal einen Knabbersnack mitnehmen, mit dem er eine Weile beschäftigt ist. Das hilft ihm, Frust abzubauen und Langeweile vorzubeugen. Da diese kleine Erleichterung aber in erster Linie eine Managementstrategie ist, weisen wir an dieser Stelle darauf hin, dass sie keinen Einfluss auf die Frustrationstoleranz deines Hunde haben wird. Frust kommt so schließlich nicht auf, doch er ist zwangsläufig nötig, wenn es darum geht, die Frustrationstoleranz zu erhöhen. Im Lauf vieler Wiederholungen und dem ortsgebundenen Lernen an dem Sitzplatz wird dein Hund mit der Zeit sicherlich bald fähig sein, an diesem Ort zur Ruhe zu finden. Ihr beide könnt euren Sitzplatz nutzen, um abzuschalten und herunterzukommen.

Tag 12: Sich herausnehmen können

Folgt dein Hund dir in andere Räume und tippelt dir auf Schritt und Tritt hinterher? Was auf den ersten Blick süß wirkt und den Anschein erweckt, der Vierbeiner würde sich am liebsten ständig bei dir aufhalten, kann vor allem für den Hund Stress bedeuten. Immer aufmerksam zu sein, immer auf dem Sprung – das ist nicht entspannend!

Nimm deinem Hund heute mal die Entscheidung ab und tabuisiere einen Raum für ihn, in den er dir nicht folgen darf. Du kannst hier vorgehen wie in der Stop-&-Go-Übung. Setze also körpersprachlich eine Grenze und hindere das Tier daran, den besagten Raum zu betreten. Im Alltag können Tabu-Räume sehr sinnvoll sein, wenn wir zum Beispiel unsere Ruhe haben wollen, während wir in der Küche das Essen zubereiten oder das Kind ins Bett bringen. Schön, wenn der Hund gelernt hat, an der Schwelle zu warten, auch wenn die Tür geöffnet ist. Mit etwas Übung verstehen Hunde solche Grenzen schnell und halten diese ein. Ganz ohne schimpfen!

Tag 13: Habt Spaß!

Was bereitet dir und deinem Hund besonders viel Freude? Wobei könnt ihr gemeinsam so richtig abschalten? Nicht selten vergessen wir zwischen Training und Übungen, dass wir die Zeit mit unseren Hunden auch genießen sollten. Ganz ohne Anforderungen, ohne Stress und Druck. Vielleicht habt ihr Spaß dabei, gemeinsam eine Fahrradtour über die Felder zu machen, joggen zu gehen oder einen Tag am Meer zu verbringen. Was auch immer es ist, erlaube dir trotz gewisser Ziele, die erreicht werden sollen, auch einfach mal, nichts zu tun, was damit in Zusammenhang steht. Genießt das Leben und sammelt gemeinsam Momente, die Freude bereiten.

Wenn wir an Hundeerziehung denken, stehen oft die Konflikte mit unseren Vierbeinern im Mittelpunkt. Gemeinsamkeiten finden, Spaß haben – auch das sollten wir nicht vernachlässigen.

Tag 14: Neue Wege gehen

Kennst du Folgendes? Du läufst mit deinem Hund beinahe tagtäglich dieselben Wege, leinst ihn immer an denselben Stellen an und ab und kennst jede Ecke und jeden Busch mit Vornamen. Vielleicht hast du schon mal beobachtet, dass dein Vierbeiner bereits eine gewisse Erwartungshaltung hat, wenn ihr an bestimmten Orten vorbeikommt oder diese erreicht. An dieser Stelle kann es spannend sein, die Dinge einfach mal anders zu machen als sonst. Das kann bedeuten, dass man neue Wege geht – links statt rechts abbiegt, den Hund mal nicht dort anleint, wo man es sonst immer tut, sondern woanders.

Bei unserer heutigen Übung geht es darum, die Routine zu durchbrechen und somit die Aufmerksamkeit des Hundes auf sich zu lenken, indem man sich nicht so vorhersehbar verhält wie gewohnt. Nimm dir doch vor, mindestens einmal die Woche eine neue Route mit dem Tier zu gehen und neue Orte zu erkunden. Das gemeinsame Auskundschaften und Erschließen neuer Gassistrecken und Orte kann eine schöne Erfahrung sein, die eure Bindung stärkt und euch zusammenschweißt. Nicht nur du wirst vermutlich neue Freude an euren gemeinsamen Gassirunden gewinnen können, sondern auch dein Hund wird begeistert sein, Neues entdecken und erkunden zu dürfen.

Abschließend einige Ratschläge

» Nimm dir jeden Tag eine Kleinigkeit vor, die du umsetzen möchtest, und verfolge deinen Plan, ohne dich durch andere Dinge davon ablenken zu lassen.

» Suche nach Gewohnheiten, die dir Stress nehmen, und mach dir bewusst, welchen Mehrwert es dir und deinem Hund bringt, wenn du in stressigen Situationen einen kühlen Kopf bewahrst und deinen Emotionen nicht unkontrolliert folgst.

» Frage dich bei deinem Handeln stets: »Was lernt mein Hund jetzt genau?« Das solltest du mit dem Wissen aus dem fünften Kapitel im Einzelfall beantworten könnten.

» Sei großzügig zu dir und zu deinem Hund. Es ist nicht schlimm, wenn mal etwas nicht so klappt wie gewünscht und das Training zu stagnieren scheint oder ihr sogar Rückschritte macht. Es ist auch nicht sofort ein großes Versagen, wenn du doch einmal schimpfst oder dich nicht super kontrollieren kannst. Du gibst jeden Tag dein Bestes, um fair und liebevoll zu deinem Hund zu sein. Da sind wir uns sicher.

- Informiere Freunde, Verwandte und Bekannte über das, was du mit deinem Hund üben möchtest, wenn sie anwesend sind. So können sie dir gegebenenfalls sogar helfen und dich an gewissen Stellen daran erinnern, welches Vorhaben du verfolgen wolltest, falls du von deinem Plan abzuweichen scheinst.
- Sei stolz auf dich und deinen Hund, wenn ihr ein Etappenziel erreicht habt. Erzähle anderen davon, belohne dich selbst oder schreibe dir den Erfolg auf einen kleinen Klebezettel und hänge ihn sichtbar zu Hause auf. »Ein Erfolg ist ein Erfolg ist ein Erfolg…« Erfolge summieren sich, wenn wir nach ihnen Ausschau halten.
- Vertraue dem Prozess. Unser Handeln und die lang gelebten Strategien verändern sich nicht über Nacht. Gib dir und deinem Hund Zeit, Neues zu verinnerlichen, und erwarte nichts von dir und dem Tier, das ihr noch nicht bewerkstelligen könnt.

Zu guter Letzt: Bleib dir und deinem Hund treu!

Lass dich nicht durch das verunsichern, was andere mit ihren Hunden machen. Sie sind nicht du und ihr Vierbeiner ist nicht deiner. Es gibt absolut niemanden, der euch beide so gut kennt wie du. Mit ungefragten Tipps und Ratschlägen können wir Druck bei unserem Gegenüber erzeugen und Verunsicherung auslösen. Denk auch selbst daran, wenn du anderen Ratschläge geben möchtest oder meinst, du wüsstest vielleicht etwas besser als eine andere Person. Behandle andere so, wie du auch selbst gern behandelt werden möchtest, und verteile deine Tipps oder Ratschläge nur, wenn du darum gebeten wirst.
Hilf dir und anderen, indem du Verständnis für deine eigenen Fehler und die der anderen aufbringst und dir immer wieder bewusst machst, dass wir alle jeden Tag unser Bestes geben.

Each of us has the power to inspire or depress,
to lift others or to push them down.

ADRESSEN, DIE WEITERHELFEN

ADRESSEN

Verband für das Deutsche Hundewesen (VDH) e. V., Westfalendamm 174, 44141 Dortmund, www.vdh.de

Berufsverband der Hundeerzieher*innen und Verhaltensberater*innen e. V. (BHV), Alt Langenhain 22, 65719 Hofheim, www.hundeschulen.de

Österreichischer Kynologenverband ÖKV), Siegfried-Marcus-Str. 7, A-2362 Biedermannsdorf, www.oekv.at

Schweizerische Kynologische Gesellschaft (SKG/SCS), Sagmattstr. 2, CH-4710 Balsthal, www.skg.ch

Deutscher Tierschutzbund e. V., In der Raste 10, 53129 Bonn, www.tierschutzbund.de

Österreichischer Tierschutzverein, Berlagasse 36, A-1210 Wien, www.tierschutzverein.at

Schweizer Tierschutz (STS), Dornacher Str. 101, CH-4008 Basel, www.tierschutz.com

Deutscher Hundesportverband e. V., Voshoveler Str. 9 a, 46485 Wesel, www.dhv-hundesport.de

Berufsverband zertifizierter Hundetrainer e. V. , Rothlaker Straße 1, 28870 Posthausen/ Ottersberg, www.bvz-hundetrainer.de

INTERNET

Infos zu Alex und Johanna:

Hamburger Hundetraining (Johannas Website): www.hahutra.de
Instagram: @johanna_hundemensch

Team Hundecoach (Alex' Website): www.teamhundecoach.de
Instagram: @ alex_hundecoach

Gemeinsamer Podcast:

Furminant: Der Hundepodcast mit Haselnusslikör.
www.podcast.de/podcast/960417/

Infos rund um den Hund:

www.hunde.com
www.hunderassen.de
www.hundezeitung.de
www.hundewelt.at

Ideen für Spiele und Beschäftigung mit dem Hund:

www.spass-mit-hund.de

Infos über Hundesport:

www.dhv-hundesport.de
www.oegv.at
www.dogevents.ch

LITERATUR UND ZEITSCHRIFTEN

BÜCHER

Bloch, Günther: **Mein Hundewissen: Wie ich zum Hundemenschen wurde und was Sie daraus lernen können.** Gräfe und Unzer Verlag, München

Bardowicks, Debra/Jakob, Katharina: **Gefährte Hund: Faszinierende Einblicke in die Mensch-Hund-Beziehung aus der ganzen Welt.** Gräfe und Unzer Verlag, München

Feddersen-Petersen, Dorit Urd: **Hundepsychologie: Sozialverhalten und Wesen. Emotionen und Individualität.** Franckh-Kosmos Verlag, Stuttgart

Feddersen-Petersen, Dorit Urd: **Ausdrucksverhalten beim Hund: Mimik und Körpersprache, Kommunikation und Verständigung.** Franckh-Kosmos Verlag, Stuttgart

Fischer, Elke: **Erste Hilfe für meinen Hund: Notfälle erkennen und behandeln.** Gräfe und Unzer Verlag, München

Grewe, Michael/Meyer, Inez: **Hoffnung auf Freundschaft: Das erste Jahr des Hundes.** Franckh-Kosmos Verlag, Stuttgart

Grewe, Michael/Meyer, Inez: **Hunde brauchen klare Grenzen. Gesetze einer Freundschaft.** Franckh-Kosmos Verlag, Stuttgart

Heberer, Ute/Brede, Nora/Mrozinski, Normen: **Aggressionsverhalten beim Hund.** Franckh-Kosmos Verlag, Stuttgart

Matthews, Nadin: **Duell auf offener Straße.** Franckh-Kosmos Verlag, Stuttgart

Radinger, Elli H.: **Die Weisheit alter Hunde: Gelassen sein, erkennen, was wirklich zählt – Was wir von grauen Schnauzen über das Leben lernen können.** Heyne Verlag, München

Ruge, Nina/Bloch, Günther: **Was fühlt mein Hund? Was denkt mein Hund? Hundeexperte antwortet Hundefreundin.** Gräfe und Unzer Verlag, München

Wachtel, Hellmuth: **Das Buch vom Hund: Die Symbiose zwischen Hund und Mensch.** Cadmos Verlag, München

Ziemer-Falke, Tina/Ziemer, Jörg: **Life-Dog-Balance: So sind die Bedürfnisse von Mensch und Hund täglich im Gleichgewicht.** Gräfe und Unzer Verlag, München

ZEITSCHRIFTEN

Der Hund. FORUM Zeitschriften und Spezialmedien GmbH, Merching, www.derhund.de

Dogs. Ein Herz für Tiere Media GmbH, München, www.dogs-magazin.de

HundeWelt. Minerva Verlag, Mönchengladbach, www.hunde-welt.de

Partner Hund. Ein Herz für Tiere Media GmbH, München, www.partner-hund.de

Unser Rassehund. Hrsg. Verband für das Deutsche Hundewesen e. V., Dortmund, www.unserrassehund.de

Wuff. Petmedia Verlagsgesellschaft mbH, Maria-Anzbach, www.wuff.de

QUALITÄTS G|U GARANTIE

LIEBE LESERINNEN UND LESER,

wir wollen Ihnen mit diesem Buch Informationen und Anregungen geben, um Ihnen das Leben zu erleichtern oder Sie zu inspirieren, Neues auszuprobieren. Wir achten bei der Erstellung unserer Bücher auf Aktualität und stellen höchste Ansprüche an Inhalt und Gestaltung. Alle Anleitungen und Rezepte werden von unseren Autoren, jeweils Experten auf ihren Gebieten, gewissenhaft erstellt und von unseren Redakteur*innen mit größter Sorgfalt ausgewählt und geprüft.

Haben wir Ihre Erwartungen erfüllt? Sind Sie mit diesem Buch und seinen Inhalten zufrieden? Wir freuen uns auf Ihre Rückmeldung. Und wir freuen uns, wenn Sie diesen Titel weiterempfehlen, in Ihrem Freundeskreis oder bei Ihrem Online-Kauf.

Sollten wir Ihre Erwartungen so gar nicht erfüllt haben, tauschen wir Ihnen Ihr Buch jederzeit gegen ein gleichwertiges zum gleichen oder ähnlichen Thema um.

KONTAKT ZUM LESERSERVICE

GRÄFE UND UNZER VERLAG
Grillparzerstraße 12
81675 München
www.gu.de

IMPRESSUM

G|U

GU ist eine eingetragene Marke der GRÄFE UND UNZER VERLAG GmbH, www.gu.de

ISBN 978-3-8338--8840-3
1. Auflage 2023

Projektleitung: Fabian Barthel
Lektorat: Gerdi Killer, booklab GmbH, München
Bildredaktion: Petra Ender; Natascha Klebl (Cover)
Korrektorat: Anne-Sophie Zähringer
Umschlaggestaltung & Layout: ki36 Editorial Design, München, Petra Schmidt
Herstellung: Susanne Fuhrmann
Satz: griebeckdesign, Dorothee Griesbeck, München
Repro: Longo AG, Bozen
Druck & Bindung: Westermann Druck, Zwickau

Umwelthinweis

Nachhaltigkeit ist uns sehr wichtig. Der Rohstoff Papier ist in der Buchproduktion hierfür von entscheidender Bedeutung. Daher ist dieses Buch auf Papier gedruckt, das mit dem Blauen Engel ausgezeichnet wurde: ressourcenschonend und umweltfreundlich hergestellt, emissionsarm gedruckt, überwiegend aus Altpapier.

Bildnachweis

Cover: Elke Vogelsang
Illustrationen: 123RF
Grafiken: Bella Illenberger: 054, 103, 130, 159; Johanna Spahr: 076
Fotos: Adobe Stock: 014, 049, 065, 069-3, 110, 116, 120, 139, 140, 144; Alexander Schillack: 021, 045, 161, Klappe; Fabia Tauerschmidt: 039-1, 039-2, 039-3, 039-4, 039-5, 039-7, 039-8, 039-9, 050, 051, 057-1, 057-2, 057-3, 057-4, 057-5, 057-6, 059-1, 059-2, 059-3, 059-4, 059-5, 059-6, 062-1, 062-2, 062-3, 062-4, 063-1, 063-2, 063-3, 063-4, 066-1, 066-2, 066-3, 067-3, 067-4, 068-1, 068-2, 069-2, 113, 151, 172, 177, 185, 188; Getty Images: 006, 010, 011, 016, 024, 028, 032, 046, 070, 106, 136, 168; Laura Herrmann: 074, 078, 083, 121, 125-1, 125-2, 125-3, 125-4, 125-5, 125-6, 127-1, 127-2, 127-3, 127-4, 127-5, 127-6, 152, 180, Klappe; Shutterstock: 012, 035, 039-6, 043, 044, 067-1, 067-2, 069-1, 085, 087, 095, 105, 132, 135; Trio: 092, 167.
Syndication:
www.seasons.agency

Wichtiger Hinweis

Die Gedanken, Methoden und Tipps in diesem Buch basieren auf den Erfahrungen der Verfasser. Sie wurden von ihnen nach bestem Wissen erstellt und mit größtmöglicher Sorgfalt geprüft. Weder die Autoren noch der Verlag können jedoch für eventuelle Nachteile oder Schäden, die aus den im Buch gegebenen praktischen Hinweisen resultieren, eine Haftung übernehmen.

BLAUER ENGEL DAS UMWELTZEICHEN
MI6
www.blauer-engel.de/uz195
• ressourcenschonend und umweltfreundlich hergestellt
• emissionsarm gedruckt
• überwiegend aus Altpapier
Dieses Druckprodukt ist mit dem Blauen Engel ausgezeichnet

GRÄFE UND UNZER
Ein Unternehmen der
GANSKE VERLAGSGRUPPE